# essentials

*essentials* liefern aktuelles Wissen in konzentrierter Form. Die Essenz dessen, worauf es als „State-of-the-Art" in der gegenwärtigen Fachdiskussion oder in der Praxis ankommt. *essentials* informieren schnell, unkompliziert und verständlich

- als Einführung in ein aktuelles Thema aus Ihrem Fachgebiet
- als Einstieg in ein für Sie noch unbekanntes Themenfeld
- als Einblick, um zum Thema mitreden zu können

Die Bücher in elektronischer und gedruckter Form bringen das Fachwissen von Springerautor*innen kompakt zur Darstellung. Sie sind besonders für die Nutzung als eBook auf Tablet-PCs, eBook-Readern und Smartphones geeignet. *essentials* sind Wissensbausteine aus den Wirtschafts-, Sozial- und Geisteswissenschaften, aus Technik und Naturwissenschaften sowie aus Medizin, Psychologie und Gesundheitsberufen. Von renommierten Autor*innen aller Springer-Verlagsmarken.

Weitere Bände in der Reihe https://link.springer.com/bookseries/13088

Mario H. Kraus

# Verhandlungsführung

## Schnelleinstieg für Architekten und Bauingenieure

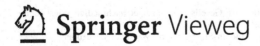 Springer Vieweg

Mario H. Kraus
Berlin, Deutschland

ISSN 2197-6708            ISSN 2197-6716  (electronic)
essentials
ISBN 978-3-658-36886-9        ISBN 978-3-658-36887-6  (eBook)
https://doi.org/10.1007/978-3-658-36887-6

Die Deutsche Nationalbibliothek verzeichnet diese Publikation in der Deutschen Nationalbibliografie; detaillierte bibliografische Daten sind im Internet über http://dnb.d-nb.de abrufbar.

Planung/Lektorat: Karina Danulat
Springer Vieweg ist ein Imprint der eingetragenen Gesellschaft Springer Fachmedien Wiesbaden GmbH und ist ein Teil von Springer Nature.
Die Anschrift der Gesellschaft ist: Abraham-Lincoln-Str. 46, 65189 Wiesbaden, Germany

# Was Sie in diesem *essential* finden können

- Wissenswertes über Verhandlungen im Arbeitsumfeld,
- Arbeitsgrundlagen zur schnellen Umsetzung im Alltag,
- Hinweise zu „Fallen" und „Denkfehlern".

# Inhalt

Verhandlungen dienen dazu, Ziele zu erreichen und Lösungen zu finden. Sie sind in nahezu jedem Berufsfeld wichtig. Erfolg ist nicht garantiert, doch fundiertes Wissen über Voraussetzungen, Wirkungsgrößen und Spielräume ist wesentlich.

# Vorwort

Hierzulande können (oder wollen) manche Menschen nicht verstehen, dass sie ihre Ziele – sofern sie welche haben – trotz zahlreicher Rechtsansprüche nicht durch bloße Anwesenheit erreichen: Es kommt nicht nur darauf an, etwas zu wollen, sondern dies auch anderen vermitteln zu können. Und dabei wiederum kommt es darauf an, wie, wann, wo und wem man es versucht zu vermitteln.

Verhandeln gehört zwar seit Jahrtausenden zum Geschäftsleben wie zur Gerichtsbarkeit, genießt aber in großen Teilen der Bevölkerung offenkundig kein hohes Ansehen: „Feilschen" tut man höchstens im Urlaub, und „um seine Rechte muss man nicht verhandeln". Das ist zumindest naiv oder fahrlässig. Hintergrund mag oft die Angst sein, „über den Tisch gezogen" zu werden. Wer sich dann aber nicht bemüht, entsprechende Kenntnisse und Fähigkeiten zu erwerben, sondern reflexhaft Schutz bei Behörden und Gerichten sucht, steckt möglicherweise tief in einer Opferrolle – Folge jahrhundertelangen deutschen Obrigkeitsdenkens? Oder ist es die Furcht, bei einem Handel keine Gegenleistung bieten zu können? Das lässt sich meist leichter lösen als vermutet, wenn man nur miteinander spricht.

Verhandeln wird selten in Berufs- oder Hochschulausbildungen gelehrt, wie der sonstige Umgang mit Menschen auch. Etliches lernt man aus „Versuch und Irrtum", die Ergebnisse lassen sich später als Lebenserfahrung zusammenfassen. Diese Veröffentlichung markiert 20 Jahre meiner Beschäftigung mit Streitfällen (wobei ich, wenn die Gesundheit es zulässt, gern noch 20 Jahre weitermache).

Nachfolgend werden Tätigkeits- oder Berufsbezeichnungen ohne Geschlechtszuschreibung verwendet – man lese also Auftraggeber (m/w/d), Vermittler

(m/w/d) und so fort. Ich danke der Springer-Gruppe, insbesondere Karina Danulat von Springer Vieweg Wiesbaden sowie Madhipriya Kumaran dafür, dass ich
ein weiteres Vorhaben verwirklichen konnte.

Berlin                                                      Dr. Mario H. Kraus
Ende 2021

# Inhaltsverzeichnis

# Über den Autor

**Dr. Mario H. Kraus** (*1973 Berlin), seit 2002 Mediator und Publizist (Fachgebiet Wohnungswirtschaft/Stadtentwicklung, *mediation.kraus@berlin.de*), Dissertation bei dem Stadtforscher Prof. Dr. Hartmut Häußermann (1943–2011), Humboldt-Universität zu Berlin 2009, betreute ein landeseigenes Wohnungsunternehmen, unterrichtete Mediation (Humboldt-Universität, Universität Rostock), veröffentlichte Beiträge in Fachzeitschriften sowie mehrere Fachbücher und ist heute Mitglied des Aufsichtsrats der größten Berliner Wohnungsgenossenschaft.

# Abbildungsverzeichnis

# Tabellenverzeichnis

# Begrifflichkeiten und Einordnung 1

> *Achte auf deine Gedanken; sie werden deine Worte.*
>
> *Achte auf deine Worte; sie werden deine Taten.*
>
> *Achte auf deine Taten; sie werden deine Gewohnheiten.*
>
> *Achte auf deine Gewohnheiten; sie prägen dein Wesen.*
>
> *Achte auf dein Wesen; es ist dein Schicksal. – Chinesisches Sprichwort*

***Verhandlungen sind Gespräche zwischen mindestens zwei Menschen, gegebenenfalls Gruppen, die das Bewältigen von Herausforderungen, das Erreichen von Zielen, aber auch das Beilegen von Streitigkeiten ermöglichen sollen.*** Diese einfache und somit sehr allgemeine Fassung sei zunächst Grundlage der Arbeit; sie enthält ganz bewusst keine Reizworte wie „Gemeinsamkeiten" und „Unterschiede", „Gegensätze" und „Widersprüche". Verhandlungen sind auf keinen Lebensbereich und kein Berufsfeld beschränkt; sie können aus beliebigen Anlässen stattfinden und passen in jeden Rechtsrahmen. Vor allem seit dem II. Weltkrieg entstanden zahlreiche wissenschaftliche Arbeiten zu Verhandlungen, vorwiegend in *Psychologie, Soziologie* und *Ökonomie.* Doch die Grenze zwischen *Theorie* und *Praxis* ist nicht leicht zu überwinden: Wer gerade dringend im beruflichen Umfeld eine Verhandlungslösung herbeiführen will/muss, fühlt sich oft etwas hilflos, weil die letzten Schulungsunterlagen allein nicht weiterhelfen.

Im Geschäftsleben kennt man dank über Jahrzehnte vielerorts angebotener Fort- und Weiterbildungen (*„Mit dem Nein des Kunden beginnt das Verkaufsgespräch"* und Ähnliches) verschiedenste Arbeitsansätze, etwa

- des österreichisch-US-amerikanischen Psychotherapeuten und Philosophen *Paul Watzlawick* (\*1921, †2007),
- des deutschen Psychologen *Friedemann Schulz von Thun* (\*1944),
- der deutschen Kommunikationstrainerin *Vera F. Birkenbihl* (\*1946, †2011)

oder das mittlerweile 40 Jahre alte Harvard-Modell der US-amerikanischen For-scher *Roger Fisher* (\*1922, †2012) *und William L. Ury* (\*1953) zumindest in groben Zügen; einiges davon wird nachfolgend berücksichtigt. Gerade in den ver-gangenen 30 Jahren erschienen viele Ratgeber-Bücher für „besseres" Verhandeln, um im Arbeitsleben beispielsweise ein höheres Gehalt, mehr Umsätze oder eine Beförderung zu erlangen. Vermutlich steht in all diesen Büchern viel Nachvoll-ziehbares, Richtiges und Nützliches, doch die Fülle der Ratschläge überfordert im Einzelfall. Dieser kleine Leitfaden ist ein Versuch, Wesentliches frei von „Modeerscheinungen" zusammenzufassen.

*Verhandlungen sollen Vereinbarungen über künftiges wechselseitiges Han-deln befördern, also Selbstfestlegungen auf Gegenseitigkeit, die den Bedürfnissen der Beteiligten möglichst nahekommen und zudem nicht gegen die jeweilige Rechtsordnung verstoßen.*

„Ver-handeln" gehört zu „handeln"; der > 1200 Jahre alte Wortstamm verweist auf etwas, das mit den Händen erledigt, also getan wird. In den letzten etwa 500 Jahren erweiterte sich die Bedeutung um das Aushandeln und Verhandeln der Kaufleute, Gesandten und Herrscher. Und dabei blieb es bis heute: Erst wird geredet, und dann wird gemeinsam etwas getan. Das kann geschehen zwischen

- zwei *(bilateral)* oder mehreren *(multilateral)* Beteiligten,
- die gleichrangig/gleichmächtig wirken *(symmetrisch)* oder nicht *(asymme-trisch)* und
- gemeinsame *(kooperativ, integrativ)* oder sich ausschließende Ziele verfolgen *(kompetitiv, konkurrierend).*

Verhandeln ist stets nur eine von mehreren Handlungsmöglichkeiten *(Optio-nen)* – in einem bewährten Verfahren zur Entscheidungsfindung unter widrigen Umständen *(Heuristik)* sind es deren insgesamt zehn (Abb. 1.1). Nicht immer gibt es ein geregeltes Verfahren. Das Verhandeln vor Gericht folgt dabei aller-dings vergleichsweise strengen Regeln, um die Grundsätze der Rechtsstaatlichkeit zu wahren – doch die Verbreitung der einvernehmlichen Streitbeilegung in allen Rechtsgebieten ermöglicht durchaus „formlose" gütliche Einigungen in laufenden Verfahren. Wer nicht allein verhandeln will, kann versuchen, sich mit anderen in ähnlicher Lage zu verbünden. Wer rechtlich und moralisch eher beweglich ist,

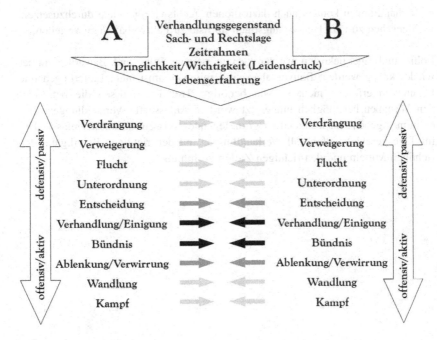

**Abb. 1.1**  Handlungsmöglichkeiten bei Herausforderungen (Heuristik)

mag dazu neigen, Mitmenschen zu täuschen und zu belügen. Wer sich vor Streitigkeiten scheut, wird sich vielleicht nicht trauen, zu verhandeln. Wie Menschen mit Herausforderungen umgehen, ist von ihren Erfahrungen und Eigenheiten, ferner den jeweiligen Verhältnissen abhängig. Bei Schwierigkeiten und Abstimmungsbedarf als erstes das Gespräch zu suchen, kann kaum falsch sein – doch zwischenmenschliche Verständigung ist vielschichtig:

- Verhandlungen erfolgen mitunter nur zum Schein, etwa um einzelne Beteiligte, Dritte oder „die Öffentlichkeit" zu täuschen, um als *Rituale* eine *Alibifunktion* zu erfüllen, während Ablauf und Ergebnisse im Hintergrund bereits vereinbart sind.
- Verhandlungen können darauf zielen, Entwicklungen zu verzögern („Zeit zu schinden"), etwa um Zahlungen zu vermeiden, Verjährungsfristen zu hemmen oder Entscheidungen zu verhindern.

- Verhandlungen können auch dazu dienen, rechtswidrige Ziele durchzusetzen, Menschen zu täuschen, zu ängstigen und sie zu Fehlverhalten zu verleiten.

Lohn- und Energiekosten werden weiter steigen, Roh- und Baustoffe immer wieder knapp werden; Bauvorhaben sind mitunter umstritten, Lieferungen und Leistungen erfolgen nicht so wie benötigt: Trotzdem müssen die betreffenden Vorhaben bestmöglich umgesetzt werden: Anlässe für Verhandlungen wird es immer geben. Nachfolgend ist grundlegendes Wissen zusammengefasst, dass im Tagesgeschäft helfen soll, Verhandlungen mit den richtigen Beteiligten, den richtigen Mitteln und den richtigen Zielen zu führen.

# Werkstoffdaten 1.3207 (HS10-4-3-10)

Kobalt-legierter Hochleistungsschnellarbeitsstahl mit sehr hoher Härte, hoher Warmfestigkeit und Druckfestigkeit, hoher Zähigkeit, besitzt gute Schneideigenschaften und einen hohen Verschleißwiderstand

## Äquivalente Normen und Bezeichnungen:

| | | | | | | |
|---|---|---|---|---|---|---|
| Deutschland: | DIN EN ISO 4957 | HS10-4-3-10 (1.3207) | UNS: | | T11344 | |
| USA: | AISI / ASTM | M44 | China: | GB | W10M04Cr4V3Co10 | |
| Japan: | JIS | SKH57 | Schweden: | SS | HS10-4-3-10 | |
| Frankreich: | AFNOR / NF | Z130WKDCV10-10-04-04-03 | Polen: | PN | SK10V | |
| England: | BS | BT42 | Spanien: | UNE | F.5553 | |
| Italien: | UNI | | Russland: | GOST | R10M4K10F3 | |
| Österreich: | ÖNORM | | Tschechien: | CSN | | |

## Richtanalyse nach DIN EN ISO 4957 (in Masse-%):

| | C | Si | Mn | P | S | Cr | W | Mo | V | Co |
|---|---|---|---|---|---|---|---|---|---|---|
| min. | 1,20 | - | - | - | - | 3,80 | 9,00 | 3,20 | 3,00 | 9,50 |
| max. | 1,35 | 0,45 | 0,40 | 0,030 | 0,030 | 4,50 | 10,00 | 3,90 | 3,50 | 10,50 |

## Physikalische Eigenschaften bei 20 °C

| Dichte $\rho$ | Spezif. Wärmekapazität $c$ | Wärmeleitfähigkeit $\lambda$ | Elektr. Widerstand $R$ | Elastizitätsmodul $E$ |
|---|---|---|---|---|
| 8,30 g/cm$^3$ | 460 J/kg·K | 19,0 W/m·K | 0,80 Ω·mm$^2$/m | 217 kN/mm$^2$ |

## Thermische Behandlung:

| | | Abkühlung: |
|---|---|---|
| Warmformgebung | 900 bis 1100 °C | |
| Weichglühen | 800 bis 830 °C | langsam im Ofen bis ca. 600 °C, Glühhärte max. 302 HB |
| Vorwärmen 1. Stufe | 450 bis 600 °C | |
| Vorwärmen 2. Stufe | bis 850 °C | |
| Vorwärmen 3. Stufe | bis 1050 °C | |
| Härten | 1220 bis 1240 °C | in Öl, Luft, Warmbad ca. 550 °C |
| Anlassen | 550 bis 570 °C | mind. 3 mal |
| Spannungsarmglühen | ca. 650 °C | im Ofen |

*Härte nach üblicher Anlassbehandlung:*

64 bis 67 HRC

| Anlasstemperatur | Härte HRC |
|---|---|
| 400 °C | 62,0 |
| 450 °C | 64,0 |
| 500 °C | 66,0 |
| 550 °C | 67,0 |
| 600 °C | 65,5 |
| 650 °C | 62,0 |
| 700 °C | 54,5 |

## Anwendungen:

Drehstähle, Schrupp- und Schlichtwerkzeuge insbesondere für Automatenbearbeitung, Profilwerkzeuge, Fräser aller Art, Werkzeuge für die Kaltarbeit

# Werkstoffdaten 1.3208 (HS9-4-3-11)

Wolfram-Kobalt-legierter Hochleistungsschnellarbeitsstahl mit sehr hoher Warmhärte und
Verschleißfestigkeit zur Bearbeitung sehr harter Werkstoffe (vgl. **WKE45** erasteel HS9-4-4-11)

## Äquivalente Normen und Bezeichnungen:

| | | | | | |
|---|---|---|---|---|---|
| *Deutschland:* | DIN EN ISO 4957 | HS9-4-3-11 (1.3208) | *UNS:* | | |
| *USA:* | AISI / ASTM | | *China:* | GB | |
| *Japan:* | JIS | | *Schweden:* | SS | 2737 |
| *Frankreich:* | AFNOR / NF | Z140KWCDV10.9.4.4.3 | *Polen:* | PN | |
| *England:* | BS | | *Spanien:* | UNE | |
| *Italien:* | UNI | | *Russland:* | GOST | |
| *Österreich:* | ÖNORM | | *Tschechien:* | CSN | |

## Richtanalyse nach DIN EN ISO 4957 (in Masse-%):

| | C | Si | Mn | P | S | Cr | W | Mo | V | Co |
|---|---|---|---|---|---|---|---|---|---|---|
| **min.** | 1,35 | - | - | - | - | 3,70 | 8,40 | 3,40 | 3,20 | 10,50 |
| **max.** | 1,45 | 0,50 | 0,40 | 0,030 | 0,030 | 4,40 | 9,10 | 3,80 | 3,60 | 11,50 |

## Physikalische Eigenschaften bei 20 °C

| Dichte $\rho$ | Spezif. Wärmekapazität $c$ | Wärmeleitfähigkeit $\lambda$ | Elektr. Widerstand $R$ | Elastizitätsmodul $E$ |
|---|---|---|---|---|
| 8,20 g/cm³ | 420 J/kg·K | 24,0 W/m·K | | 240 kN/mm² |

## Thermische Behandlung:                    Abkühlung:

| | | |
|---|---|---|
| Warmformgebung | | |
| Weichglühen | 850 bis 900 °C | langsam im Ofen bis ca. 700 °C, **Glühhärte ca. 295 HB** |
| Vorwärmen 1. Stufe | 450 bis 500 °C | |
| Vorwärmen 2. Stufe | 850 bis 900 °C | |
| Härten | 1100 bis 1220 °C | |
| Anlassen | 550 bis 570 °C | mind. 3 mal |
| Spannungsarmglühen | 600 bis 700 °C | im Ofen bis ca. 500 °C |

*Härte nach üblicher Anlassbehandlung:*

**63 bis 69 HRC**

| Anlasstemperatur | Härte HRC | | |
|---|---|---|---|
| | Austenitisierungstemperatur | | |
| | 1100 °C | 1150 °C | 1220 °C |
| 520 °C | 67,5 | 68,0 | 69,5 |
| 540 °C | 66,5 | 67,5 | 69,0 |
| 560 °C | 65,0 | 66,0 | 68,0 |
| 580 °C | 62,5 | 64,5 | 66,0 |
| 600 °C | 60,0 | 61,5 | 64,0 |

## Anwendungen:

Hochleistungsschneidwerkzeuge, Drehstähle, Werkzeugbits, Fräser, Werkzeuge für die Kaltarbeit, Hämmer,
Reibahlen

# Werkstoffdaten 1.3243 (HS6-5-2-5)

Kobalt-legierter Hochleistungsschnellarbeitsstahl (vgl. **1.3245** - HS6-5-2-5S) mit sehr hoher Härte, hoher Warmfestigkeit, hoher Zähigkeit sowie guter Schleifbarkeit zur Bearbeitung schwer spanbarer Werkstoffe

## Äquivalente Normen und Bezeichnungen:

| | | | | | |
|---|---|---|---|---|---|
| Deutschland: | DIN EN ISO 4957 | HS6-5-2-5 (1.3243) | UNS: | | T11341 |
| USA: | AISI / ASTM | M35 | China: | GB | W6Mo5Cr4V2Co5 |
| Japan: | JIS | SKH55 | Schweden: | SS | 2723 |
| Frankreich: | AFNOR / NF | Z90WDKCV06-05-05-04-02 | Polen: | PN | SK5M |
| England: | BS | BM35 | Spanien: | UNE | F.5613 |
| Italien: | UNI | HS6-5-2-5 (1.3243) | Russland: | GOST | R6M5K5 |
| Österreich: | ÖNORM | | Tschechien: | CSN | |

## Richtanalyse nach DIN EN ISO 4957 (in Masse-%):

| | C | Si | Mn | P | S | Cr | W | Mo | V | Co |
|---|---|---|---|---|---|---|---|---|---|---|
| min. | 0,87 | - | - | - | - | 3,80 | 5,90 | 4,70 | 1,70 | 4,50 |
| max. | 0,95 | 0,45 | 0,40 | 0,030 | 0,030 | 4,50 | 6,70 | 5,20 | 2,10 | 5,00 |

## Physikalische Eigenschaften bei 20 °C

| Dichte ρ | Spezif. Wärmekapazität c | Wärmeleitfähigkeit λ | Elektr. Widerstand R | Elastizitätsmodul E |
|---|---|---|---|---|
| 7,90 g/cm³ | 420 J/kg·K | 27,4 W/m·K | 0,49 Ω·mm²/m | 224 kN/mm² |

## Thermische Behandlung:

| | |
|---|---|
| Warmformgebung | 900 bis 1100 °C |
| Weichglühen | 790 bis 820 °C |
| Vorwärmen 1. Stufe | 450 bis 600 °C |
| Vorwärmen 2. Stufe | bis 850 °C |
| Vorwärmen 3. Stufe | bis 1050 °C |
| Härten | 1200 bis 1240 °C |
| Anlassen | 550 bis 570 °C |
| Spannungsarmglühen | ca. 650 °C |

## Abkühlung:

langsam im Ofen bis ca. 650 °C, **Glühhärte 240 bis 300 HB**

in Öl, Luft, Warmbad ca. 550 °C

mind. 3 mal

im Ofen

**Härte nach üblicher Anlassbehandlung:**
**64 bis 65 HRC**

| Anlasstemperatur | Härte HRC |
|---|---|
| 400 °C | 61,0 |
| 500 °C | 64,0 |
| 550 °C | 65,0 |
| 600 °C | 62,0 |
| 650 °C | 56,0 |

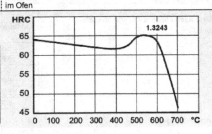

## Anwendungen:
Zerspanungswerkzeuge, Spiral- und Gewindebohrer, Profilmesser, Hochleistungsfräser, Drehlinge für Automatenarbeiten, Räumwerkzeuge

# Werkstoffdaten 1.3244 (HS6-5-3-8)

Kobalt-legierter Hochleistungsschnellarbeitsstahl (vgl. Böhler **S590**) mit hoher Warmhärte, Druckfestigkeit und Verschließfestigkeit, guter Zähigkeit für beste Zerspanbarkeit sowie mit guter Schleifbarkeit

## Äquivalente Normen und Bezeichnungen:

| | | | | | |
|---|---|---|---|---|---|
| *Deutschland:* | DIN EN ISO 4957 | HS6-5-3-8 (1.3244) | *UNS:* | | |
| *USA:* | AISI / ASTM | M36 | *China:* | GB | W6Mo5Cr4V3Co8 |
| *Japan:* | JIS | SKH40, SKH56 | *Schweden:* | SS | |
| *Frankreich:* | AFNOR / NF | | *Polen:* | PN | |
| *England:* | BS | | *Spanien:* | UNE | |
| *Italien:* | UNI | | *Russland:* | GOST | |
| *Österreich:* | ÖNORM | | *Tschechien:* | CSN | |

## Richtanalyse nach DIN EN ISO 4957 (in Masse-%):

| | C | Si | Mn | P | S | Cr | W | Mo | V | Co |
|---|---|---|---|---|---|---|---|---|---|---|
| min. | 1,23 | - | - | - | - | 3,80 | 5,90 | 4,70 | 2,70 | 8,00 |
| max. | 1,33 | 0,70 | 0,40 | 0,030 | 0,030 | 4,50 | 6,70 | 5,30 | 3,20 | 8,80 |

## Physikalische Eigenschaften bei 20 °C

| Dichte $\rho$ | Spezif. Wärmekapazität $c$ | Wärmeleitfähigkeit $\lambda$ | Elektr. Widerstand $R$ | Elastizitätsmodul $E$ |
|---|---|---|---|---|
| 8,05 g/cm$^3$ | 420 J/kg·K | 22 W/m·K | 0,61 $\Omega$·mm$^2$/m | 240 kN/mm$^2$ |

## Thermische Behandlung:                Abkühlung:

| | | |
|---|---|---|
| Warmformgebung | 900 bis 1100 °C | |
| Weichglühen | 870 bis 900 °C | langsam im Ofen bis ca. 700 °C, **Glühhärte max. 300 HB** |
| Vorwärmen 1. Stufe | 450 bis 550 °C | |
| Vorwärmen 2. Stufe | 850 bis 900 °C | |
| Vorwärmen 3. Stufe | bis 1050 °C | |
| Härten | 1075 bis 1180 °C | in Öl, Salzbad |
| Anlassen | ca. 560 °C | mind. 3 mal |
| Spannungsarmglühen | 600 bis 650 °C | langsam im Ofen bis 500 °C |

*Härte nach üblicher Anlassbehandlung:*

**63 bis 67 HRC**

| Anlasstemperatur | Härte HRC Austenitisierungstemperatur | | |
|---|---|---|---|
| | 1100 °C | 1150 °C | 1180 °C |
| 500 °C | 66,0 | 67,0 | 67,5 |
| 520 °C | 65,5 | 67,0 | 68,0 |
| 540 °C | 65,0 | 66,0 | 67,5 |
| 560 °C | 63,5 | 65,0 | 67,0 |
| 580 °C | 62,0 | 63,5 | 65,5 |
| 600 °C | 59,5 | 61,5 | 63,5 |

*Anwendungen:*
Zerspanungswerkzeuge, Spiral- und Gewindebohrer, Fräser, Profilmesser, Räumwerkzeuge, Walzen, Sägeblätter, Maschinenmesser, Stoßwerkzeuge, Präge- und Pulverpresswerkzeuge

# Werkstoffdaten 1.3245 (HS6-5-2-5S)

Kobalt-legierter Hochleistungsschnellarbeitsstahl (wie **1.3243** - HS6-5-2-5, nur mit erhöhtem Schwefelgehalt) mit hoher Warmhärte und guter Verschleißfestigkeit, besonders geeignet zur Bearbeitung von Stahl

## Äquivalente Normen und Bezeichnungen:

| Deutschland: | DIN EN ISO 4957 | HS6-5-2-5S (1.3245) | UNS: | | T11341 |
|---|---|---|---|---|---|
| USA: | AISI / ASTM | M41 | China: | GB | |
| Japan: | JIS | | Schweden: | SS | |
| Frankreich: | AFNOR / NF | | Polen: | PN | |
| England: | BS | | Spanien: | UNE | |
| Italien: | UNI | | Russland: | GOST | |
| Österreich: | ÖNORM | | Tschechien: | CSN | |

## Richtanalyse nach DIN EN ISO 4957 (in Masse-%):

| | C | Si | Mn | P | S | Cr | W | Mo | V | Co |
|---|---|---|---|---|---|---|---|---|---|---|
| min. | 0,88 | - | - | - | 0,060 | 3,80 | 6,00 | 4,70 | 1,70 | 4,50 |
| max. | 0,96 | 0,45 | 0,40 | 0,030 | 0,150 | 4,50 | 6,70 | 5,20 | 2,00 | 5,00 |

## Physikalische Eigenschaften bei 20 °C

| Dichte $\rho$ | Spezif. Wärmekapazität $c$ | Wärmeleitfähigkeit $\lambda$ | Elektr. Widerstand $R$ | Elastizitätsmodul $E$ |
|---|---|---|---|---|
| 7,90 g/cm$^3$ | 420 J/kg·K | 27,4 W/m·K | 0,49 $\Omega$·mm$^2$/m | 224 kN/mm$^2$ |

## Thermische Behandlung: | Abkühlung:

| Warmformgebung | 900 bis 1100 °C | |
|---|---|---|
| Weichglühen | 790 bis 820 °C | langsam im Ofen bis ca. 600 °C, **Glühhärte 240 bis 300 HB** |
| Vorwärmen 1. Stufe | 450 bis 600 °C | |
| Vorwärmen 2. Stufe | bis 850 °C | |
| Vorwärmen 3. Stufe | bis 1050 °C | |
| Härten | 1200 bis 1240 °C | in Öl, Luft, Warmbad ca. 550 °C |
| Anlassen | 550 bis 570 °C | mind. 3 mal |
| Spannungsarmglühen | ca. 650 °C | langsam im Ofen |

## Härte nach üblicher Anlassbehandlung:

**62 bis 64 HRC**

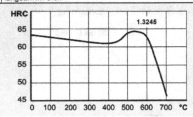

## Anwendungen:

Zerspanungswerkzeuge, Spiral- und Gewindebohrer, Fräser und Sägewerkzeuge für Stahl, Profilmesser, Räumnadeln

# Werkstoffdaten 1.3246 (HS7-4-2-5)

Molybdän-Kobalt-legierter Hochleistungsschnellarbeitsstahl mit hoher Warmhärte und guter Verschleiß-festigkeit

## Äquivalente Normen und Bezeichnungen:

| Deutschland: | DIN EN ISO 4957 | HS7-4-2-5 (1.3246) | | UNS: | | T11341 |
|---|---|---|---|---|---|---|
| USA: | AISI / ASTM | M41 | | China: | GB | W7Mo4Cr4V2Co5 |
| Japan: | JIS | | | Schweden: | SS | SS7-4-2-5 |
| Frankreich: | AFNOR / NF | Z110WKCDV07-05-04 | | Polen: | PN | |
| England: | BS | | | Spanien: | UNE | |
| Italien: | UNI | HS7-4-2-5 (1.3246) | | Russland: | GOST | |
| Österreich: | ÖNORM | | | Tschechien: | CSN | |

## Richtanalyse nach DIN EN ISO 4957 (in Masse-%):

|  | C | Si | Mn | P | S | Cr | W | Mo | V | Co |
|---|---|---|---|---|---|---|---|---|---|---|
| min. | 1,05 | - | - | - | - | 3,80 | 6,60 | 3,80 | 1,70 | 4,80 |
| max. | 1,15 | 0,45 | 0,40 | 0,030 | 0,030 | 4,50 | 7,10 | 4,00 | 1,90 | 5,20 |

## Physikalische Eigenschaften bei 20 °C

| Dichte $\rho$ | Spezif. Wärmekapazität $c$ | Wärmeleitfähigkeit $\lambda$ | Elektr. Widerstand $R$ | Elastitzitätsmodul $E$ |
|---|---|---|---|---|
| 8,17 g/cm³ | 440 J/kg·K | 22 W/m·K | | 200 kN/mm² |

## Thermische Behandlung:                    Abkühlung:

| Warmformgebung | 900 bis 1100 °C | |
|---|---|---|
| Weichglühen | 770 bis 840 °C | langsam im Ofen bis ca. 600 °C, Glühhärte 240 bis 300 HB |
| Vorwärmen 1. Stufe | 450 bis 600 °C | |
| Vorwärmen 2. Stufe | bis 850 °C | |
| Vorwärmen 3. Stufe | bis 1050 °C | |
| Härten | 1180 bis 1220 °C | in Öl, Luft, Warmbad ca. 550 °C |
| Anlassen | 530 bis 550 °C | mind. 3 mal |
| Spannungsarmglühen | ca. 650 °C | langsam im Ofen |

### Härte nach üblicher Anlassbehandlung:

**66 bis 67 HRC**

## Anwendungen:
Spiralbohrer, Fräser, Reibahlen, Senker, Gewindebohrer für hochfeste Werkstoffe

# Werkstoffdaten 1.3247 (HS2-10-1-8)

Hoch-Kobalt-legierter Hochleistungsschnellarbeitsstahl mit hoher Warmhärte und sehr guter Verschleiß-festigkeit, hohe Schlagzähigkeit, bestens geeignet für ein- und mehrschneidige Werkzeuge

## Äquivalente Normen und Bezeichnungen:

| | | | | | | |
|---|---|---|---|---|---|---|
| Deutschland: | DIN EN ISO 4957 | HS2-10-1-8 (1.3247) | UNS: | | T11342 | |
| USA: | AISI / ASTM | M42 | China: | GB | | |
| Japan: | JIS | SKH59 | Schweden: | SS | 2723 | |
| Frankreich: | AFNOR / NF | Z110DKWCV09-08-04-01 | Polen: | PN | | |
| England: | BS | BM42 | Spanien: | UNE | | |
| Italien: | UNI | HS2-9-1-8 | Russland: | GOST | P2M10K8 | |
| Österreich: | ÖNORM | | Tschechien: | CSN | | |

## Richtanalyse nach DIN EN ISO 4957 (in Masse-%):

| | C | Si | Mn | P | S | Cr | W | Mo | V | Co |
|---|---|---|---|---|---|---|---|---|---|---|
| min. | 1,05 | - | - | - | - | 3,50 | 1,20 | 9,00 | 0,90 | 7,50 |
| max. | 1,15 | 0,70 | 0,40 | 0,030 | 0,030 | 4,50 | 1,90 | 10,00 | 1,30 | 8,50 |

## Physikalische Eigenschaften bei 20 °C

| Dichte $\rho$ | Spezif. Wärmekapazität $c$ | Wärmeleitfähigkeit $\lambda$ | Elektr. Widerstand $R$ | Elastizitätsmodul $E$ |
|---|---|---|---|---|
| 8,01 g/cm$^3$ | 429 J/kg·K | 20 W/m·K | 0,52 Ω·mm$^2$/m | 220 kN/mm$^2$ |

## Thermische Behandlung:                    Abkühlung:

| | | |
|---|---|---|
| Warmformgebung | 900 bis 1050 °C | |
| Weichglühen | 770 bis 840 °C | langsam im Ofen bis ca. 600 °C, Glühhärte 240 bis 300 HB |
| Vorwärmen 1. Stufe | 450 bis 600 °C | |
| Vorwärmen 2. Stufe | bis 850 °C | |
| Vorwärmen 3. Stufe | bis 1050 °C | |
| Härten | 1180 bis 1220 °C | in Öl, Luft, Warmbad ca. 550 °C |
| Anlassen | 530 bis 550 °C | mind. 3 mal |
| Spannungsarmglühen | ca. 650 °C | langsam im Ofen |

## Härte nach üblicher Anlassbehandlung:

| Anlasstemperatur | Härte HRC |
|---|---|
| 400 °C | 61,0 |
| 500 °C | 67,0 |
| 550 °C | 69,0 |
| 600 °C | 64,0 |
| 650 °C | 53,0 |

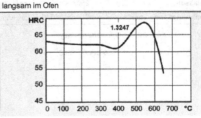

## Anwendungen:
Gesenk- und Gravierfräser, Drehlinge für Automatenbearbeitung, Fließpress- und Schnittstempel

# Werkstoffdaten 1.3249 (HS2-9-2-8)

Hoch-Kobalt-legierter Hochleistungsschnellarbeitsstahl mit hoher Warmhärte und sehr guter Verschleiß-
festigkeit, hohe Schlagzähigkeit, bestens geeignet für ein- und mehrschneidige Werkzeuge

## Äquivalente Normen und Bezeichnungen:

| | | | | | |
|---|---|---|---|---|---|
| *Deutschland:* | DIN EN ISO 4957 | HS2-9-2-8 (1.3249) | *UNS:* | | T11333 / T11334 |
| *USA:* | AISI / ASTM | M33 / M34 | *China:* | GB | |
| *Japan:* | JIS | | *Schweden:* | SS | |
| *Frankreich:* | AFNOR / NF | | *Polen:* | PN | |
| *England:* | BS | BM34 | *Spanien:* | UNE | |
| *Italien:* | UNI | | *Russland:* | GOST | |
| *Österreich:* | ÖNORM | | *Tschechien:* | CSN | |

## Richtanalyse nach DIN EN ISO 4957 (in Masse-%):

| | C | Si | Mn | P | S | Cr | W | Mo | V | Co |
|---|---|---|---|---|---|---|---|---|---|---|
| min. | 0,85 | - | - | - | - | 3,50 | 1,50 | 8,00 | 1,80 | 7,75 |
| max. | 0,92 | 0,45 | 0,40 | 0,030 | 0,030 | 4,20 | 2,00 | 9,20 | 2,20 | 8,75 |

## Physikalische Eigenschaften bei 20 °C

| Dichte $\rho$ | Spezif. Wärmekapazität $c$ | Wärmeleitfähigkeit $\lambda$ | Elektr. Widerstand $R$ | Elastizitätsmodul $E$ |
|---|---|---|---|---|
| 7,85 g/cm$^3$ | | | | |

## Thermische Behandlung:      Abkühlung:

| Thermische Behandlung | | Abkühlung: |
|---|---|---|
| Warmformgebung | 900 bis 1100 °C | |
| Weichglühen | 790 bis 820 °C | langsam im Ofen bis ca. 600 °C, **Glühhärte 235 bis 300 HB** |
| Vorwärmen 1. Stufe | 450 bis 600 °C | |
| Vorwärmen 2. Stufe | bis 850 °C | |
| Vorwärmen 3. Stufe | bis 1050 °C | |
| Härten | 1190 bis 1230 °C | in Öl, Luft, Warmbad ca. 550 °C |
| Anlassen | 550 bis 570 °C | mind. 3 mal |
| Spannungsarmglühen | ca. 650 °C | langsam im Ofen |

*Härte nach üblicher Anlassbehandlung:*

**66 bis 68 HRC**

*Anwendungen:*
Hochleistungsfräser, hochbeanspruchte Spiralbohrer, Schrupp- und Kaltumformwerkzeuge

# Werkstoffdaten 1.3255 (HS18-1-2-5)

Hoch-Wolfram-legierter Hochleistungsschnellarbeitsstahl mit Kobalt, mit hoher Warmhärte und Anlass-beständigkeit, sehr guter Verschleißfestigkeit

## Äquivalente Normen und Bezeichnungen:

| | | | | | |
|---|---|---|---|---|---|
| Deutschland: | DIN EN ISO 4957 | HS18-1-2-5 (1.3255) | UNS: | | T12004 |
| USA: | AISI / ASTM | T4 | China: | GB | W18Cr4VCo5 |
| Japan: | JIS | SKH3 | Schweden: | SS | |
| Frankreich: | AFNOR / NF | | Polen: | PN | |
| England: | BS | | Spanien: | UNE | |
| Italien: | UNI | | Russland: | GOST | P18M2K5 |
| Österreich: | ÖNORM | | Tschechien: | CSN | |

## Richtanalyse nach DIN EN ISO 4957 (in Masse-%):

| | C | Si | Mn | P | S | Cr | W | Mo | V | Co |
|---|---|---|---|---|---|---|---|---|---|---|
| min. | 0,75 | - | - | - | - | 3,80 | 17,50 | 0,50 | 1,40 | 4,50 |
| max. | 0,83 | 0,45 | 0,40 | 0,030 | 0,030 | 4,50 | 18,50 | 0,80 | 1,70 | 5,00 |

## Physikalische Eigenschaften bei 20 °C

| Dichte $\rho$ | Spezif. Wärmekapazität $c$ | Wärmeleitfähigkeit $\lambda$ | Elektr. Widerstand $R$ | Elastitzitätsmodul $E$ |
|---|---|---|---|---|
| 8,70 g/cm$^3$ | 460 J/kg·K | 19 W/m·K | 0,65 Ω·mm$^2$/m | 217 kN/mm$^2$ |

## Thermische Behandlung:

| | |
|---|---|
| Warmformgebung | 900 bis 1150 °C |
| Weichglühen | 820 bis 850 °C |
| Vorwärmen 1. Stufe | 450 bis 600 °C |
| Vorwärmen 2. Stufe | bis 850 °C |
| Vorwärmen 3. Stufe | bis 1050 °C |
| Härten | 1260 bis 1300 °C |
| Anlassen | 550 bis 570 °C |
| Spannungsarmglühen | ca. 650 °C |

## Abkühlung:

langsam im Ofen bis ca. 600 °C, Glühhärte 240 bis 300 HB

in Öl, Luft, Warmbad ca. 550 °C
mind. 3 mal
langsam im Ofen

### Härte nach üblicher Anlassbehandlung:

64 bis 65 HRC

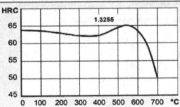

## Anwendungen:
Bohrer, Fräser, Gewindeschneidwerkzeuge, Rändelwerkzeuge, Drehmeißel, Hobel- und Stoßmesser, Kaltpresswerkzeuge

# Werkstoffdaten 1.3257 (HS18-1-2-15)

Hoch-Kobalt- und Wolfram-legierter Hochleistungsschnellarbeitsstahl, mit hoher Warmhärte und Anlass-beständigkeit sowie sehr guter Verschleißfestigkeit

## Äquivalente Normen und Bezeichnungen:

| | | | | | |
|---|---|---|---|---|---|
| Deutschland: | DIN EN ISO 4957 | HS18-1-2-15 (1.3257) | UNS: | | |
| USA: | AISI / ASTM | T6 | China: | GB | |
| Japan: | JIS | | Schweden: | SS | |
| Frankreich: | AFNOR / NF | | Polen: | PN | |
| England: | BS | | Spanien: | UNE | |
| Italien: | UNI | | Russland: | GOST | |
| Österreich: | ÖNORM | | Tschechien: | CSN | |

## Richtanalyse nach DIN EN ISO 4957 (in Masse-%):

| | C | Si | Mn | P | S | Cr | W | Mo | V | Co |
|---|---|---|---|---|---|---|---|---|---|---|
| min. | 0,60 | - | - | - | - | 3,80 | 17,50 | 0,50 | 1,40 | 15,00 |
| max. | 0,70 | 0,45 | 0,40 | 0,030 | 0,030 | 4,50 | 18,50 | 1,00 | 1,70 | 16,00 |

## Physikalische Eigenschaften bei 20 °C

| Dichte $\rho$ | Spezif. Wärmekapazität $c$ | Wärmeleitfähigkeit $\lambda$ | Elektr. Widerstand $R$ | Elastitzitätsmodul $E$ |
|---|---|---|---|---|
| 8,89 g/cm³ | | | | |

## Thermische Behandlung:                    Abkühlung:

| Warmformgebung | 900 bis 1150 °C | |
|---|---|---|
| Weichglühen | 820 bis 850 °C | langsam im Ofen bis ca. 600 °C, **Glühhärte 240 bis 300 HB** |
| Vorwärmen 1. Stufe | 450 bis 600 °C | |
| Vorwärmen 2. Stufe | bis 850 °C | |
| Vorwärmen 3. Stufe | bis 1050 °C | |
| Härten | 1260 bis 1300 °C | in Öl, Luft, Warmbad ca. 550 °C |
| Anlassen | 550 bis 580 °C | mind. 3 mal |
| Spannungsarmglühen | ca. 650 °C | langsam im Ofen |

### Härte nach üblicher Anlassbehandlung:

**60 bis 65 HRC**

## Anwendungen:

Drehstähle, Hobel- und Stoßmesser bester Leistung auch für schwerste Arbeiten, Brecheisen, Meißel, Hämmer, Räumwerkzeuge, Reibahlen, Gewindewerkzeuge, Spiralbohrer

# Werkstoffdaten 1.3265 (HS18-1-2-10)

Hoch-Kobalt- und Wolfram-legierter Hochleistungsschnellarbeitsstahl, mit hoher Warmhärte und Anlassbeständigkeit sowie guter Zähigkeit, hoher Abriebfestigkeit und guter Schnittleistung

## Äquivalente Normen und Bezeichnungen:

| | | | | | |
|---|---|---|---|---|---|
| *Deutschland:* | DIN EN ISO 4957 | HS18-1-2-10 (1.3265) | *UNS:* | | T12005 |
| *USA:* | AISI / ASTM | T5 | *China:* | GB | W18Cr4V2Co8 |
| *Japan:* | JIS | SKH4 | *Schweden:* | SS | |
| *Frankreich:* | AFNOR / NF | | *Polen:* | PN | |
| *England:* | BS | BT5 | *Spanien:* | UNE | |
| *Italien:* | UNI | | *Russland:* | GOST | |
| *Österreich:* | ÖNORM | | *Tschechien:* | CSN | |

## Richtanalyse nach DIN EN ISO 4957 (in Masse-%):

| | C | Si | Mn | P | S | Cr | W | Mo | V | Co |
|---|---|---|---|---|---|---|---|---|---|---|
| min. | 0,72 | - | - | - | - | 3,80 | 17,50 | 0,50 | 1,40 | 9,00 |
| max. | 0,80 | 0,45 | 0,40 | 0,030 | 0,030 | 4,50 | 18,50 | 0,80 | 1,70 | 10,00 |

## Physikalische Eigenschaften bei 20 °C

| Dichte $\rho$ | Spezif. Wärmekapazität $c$ | Wärmeleitfähigkeit $\lambda$ | Elektr. Widerstand $R$ | Elastitzitätsmodul $E$ |
|---|---|---|---|---|
| 8,75 g/cm$^3$ | | 34 W/m·K | | 200 kN/mm$^2$ |

## Thermische Behandlung:          Abkühlung:

| | | |
|---|---|---|
| Warmformgebung | 900 bis 1150 °C | |
| Weichglühen | 820 bis 850 °C | langsam im Ofen bis ca. 600 °C, Glühhärte 240 bis 300 HB |
| Vorwärmen 1. Stufe | 450 bis 600 °C | |
| Vorwärmen 2. Stufe | bis 850 °C | |
| Vorwärmen 3. Stufe | bis 1060 °C | |
| Härten | 1260 bis 1300 °C | in Öl, Luft, Warmbad ca. 550 °C |
| Anlassen | 550 bis 580 °C | mind. 3 mal |
| Spannungsarmglühen | ca. 650 °C | langsam im Ofen |

*Härte nach üblicher Anlassbehandlung:*

63 bis 66 HRC

| Anlasstemperatur | Härte HRC |
|---|---|
| 400 °C | 62,5 |
| 500 °C | 64,8 |
| 550 °C | 66,0 |
| 600 °C | 64,0 |
| 650 °C | 60,0 |

## Anwendungen:
Dreh- und Hobelmesser, Fräser bester Warmhärte für Stähle, Stahlguss, Grauguss, NE-Metalle, Stanz- und Schneidwerkzeuge, Räumnadeln, Bohrer, Extrusionsstempel

# Werkstoffdaten 1.3302 (HS12-1-4)

Hochleistungsschnellarbeitsstahl, Wolfram-legiert, ohne Kobalt, mit bester Verschleißbeständigkeit und guter Zähigkeit.

## Äquivalente Normen und Bezeichnungen:

| | | | | | |
|---|---|---|---|---|---|
| *Deutschland:* | DIN EN ISO 4957 | HS12-1-4 (1.3302) | *UNS:* | | |
| *USA:* | AISI / ASTM | T-15, no Co | *China:* | GB | |
| *Japan:* | JIS | | *Schweden:* | SS | |
| *Frankreich:* | AFNOR / NF | Z130WV13-4 | *Polen:* | PN | SW12 |
| *England:* | BS | | *Spanien:* | UNE | |
| *Italien:* | UNI | | *Russland:* | GOST | P12M4 |
| *Österreich:* | ÖNORM | | *Tschechien:* | CSN | 19810 |

## Richtanalyse nach DIN EN ISO 4957 (in Masse-%):

| | C | Si | Mn | P | S | Cr | W | Mo | V | Co |
|---|---|---|---|---|---|---|---|---|---|---|
| min. | 1,20 | - | - | - | - | 3,80 | 11,50 | 0,70 | 3,50 | - |
| max. | 1,35 | 0,45 | 0,40 | 0,030 | 0,030 | 4,50 | 12,50 | 1,00 | 4,00 | - |

## Physikalische Eigenschaften bei 20 °C

| Dichte $\rho$ | Spezif. Wärmekapazität $c$ | Wärmeleitfähigkeit $\lambda$ | Elektr. Widerstand $R$ | Elastizitätsmodul $E$ |
|---|---|---|---|---|
| 8,40 g/cm³ | | | | |

## Thermische Behandlung:

| | | **Abkühlung:** |
|---|---|---|
| Warmformgebung | 900 bis 1100 °C | |
| Weichglühen | 780 bis 810 °C | langsam im Ofen bis ca. 600 °C, **Glühhärte 240 bis 300 HB** |
| Vorwärmen 1. Stufe | 450 bis 600 °C | |
| Vorwärmen 2. Stufe | bis 850 °C | |
| Vorwärmen 3. Stufe | bis 1050 °C | |
| Härten | 1220 bis 1260 °C | in Öl, Luft, Warmbad ca. 550 °C |
| Anlassen | 560 bis 580 °C | mind. 2 mal |
| Spannungsarmglühen | ca. 650 °C | langsam im Ofen |

*Härte nach üblicher Anlassbehandlung:*

**64 bis 66 HRC**

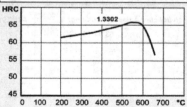

## Anwendungen:

Spezialwerkzeuge mit höchstem Verschleißwiderstand, Dreh- und Einstechstähle, Fräser, Reibahlen, Schneidräder

# Grundlagen

*Der Mensch kann auf dreierlei Art klug handeln:*
*Durch Lernen, das ist die edelste.*

*Durch Nachahmen, das ist die leichteste.*

*Durch eigene Erfahrungen, das ist die teuerste und oft die*
*bitterste. – Chinesisches Sprichwort*

Eine Verhandlung zielt wie erwähnt auf (möglichst) gemeinsames Entscheiden und Handeln; dafür werden Absichten, Forderungen, Mitteilungen, Wünsche, Fragen und andere Äußerungen ausgetauscht. Diese enthalten – mehr oder weniger – *Information;* deren Austausch ist *Kommunikation.* Letztere ist als *Sozialphänomen* „an sich" nicht wahrnehmbar, sie zeigt sich in ihren Auswirkungen, also dem Verhalten der beteiligten Menschen. Verhandeln hat somit *Prozesscharakter* und umfasst

- den Verhandlungsgegenstand,
- die Beteiligten mit ihren jeweiligen Verhandlungsspielräumen und gegebenenfalls
- Dritte wie Auftraggeber/Vorgesetzte,
- Ort und Zeit der Verhandlungen sowie
- Gründe und Anlässe.

Es muss diese Gründe geben; mit anderen Worten ist, wer miteinander verhandelt, irgendwie voneinander abhängig und aufeinander angewiesen. Das bedeutet nicht, dass eine längerfristige Bindung zu pflegen ist – auch einmalige Angelegenheiten erfordern Lösungen. Es bedeutet lediglich, dass es vertragliche, rechtliche oder

© Der/die Autor(en), exklusiv lizenziert durch Springer Fachmedien
Wiesbaden GmbH, ein Teil von Springer Nature 2022
M. H. Kraus, *Verhandlungsführung,* essentials,
https://doi.org/10.1007/978-3-658-36887-6_2

sonstige Notwendigkeiten gibt, die es erfordern, sich zu einigen. „Gleichberechtigung" und „Ausgewogenheit" sind dabei erstrebenswert, aber nicht immer von vornherein vorhanden:

- Tarifverhandlungen zwischen Branchenverbänden und Gewerkschaften geschehen zwischen ganz unterschiedlichen Beteiligten; beiderseits wird Verhandlungsmacht durch Zusammenschluss gebündelt. Dies ist seit Jahrzehnten bewährter Teil der Rechtsordnung.
- Verhandlungen zwischen Stadtverwaltungen und Protestinitiativen, insbesondere um umstrittene Bauvorhaben, werden maßgeblich davon bestimmt, wie wirksam die Beteiligten ihre Zwecke mit Rechtsbeistand und Öffentlichkeitsarbeit betreiben können.
- Auch Gehaltsverhandlungen zwischen Beschäftigten und ihren Vorgesetzten sind niemals ausgewogen, doch im Arbeitsleben üblich (und können in Zeiten des Fachkräftemangels durchaus zugunsten Ersterer ausfallen).

Die jeweiligen Beweggründe der Beteiligten mögen – wie ihre „eigentlichen" Absichten – ganz unterschiedlich sein; sie haben mehr oder weniger zu verlieren oder zu gewinnen. Um damit gut umzugehen, sind drei Grundsätze zu vergegenwärtigen:

- Verhandelt wird immer auf Gegenseitigkeit *(Reziprozitätsprinzip); einseitige* Verhandlungen sind keine solchen, sondern Selbstgespräche. Wer aber etwas von anderen will, muss ihnen etwas geben – nicht immer ist das Geld: Mitunter reicht das Verständnis für die Lage der übrigen Beteiligten. Zeigen sich die Einen versöhnlich, fällt es den Anderen vielleicht leichter, mitzumachen. Dies zu wissen hilft überdies bei der Wahrnehmung von Rechtsansprüchen: Wer es nicht für nötig hält, um sein Recht zu verhandeln, hat die Gesellschaft wohl noch nicht hinreichend verstanden – viele Gesetze enthalten Ermessensspielräume.
- Um sinnvolle Lösungen für alle Beteiligten zu finden, muss in der Verhandlung ein Gleichstand des Wissens über Verhandlungsgegenstände, Rechtsgrundlagen und sonstige wesentliche Umstände erreicht werden *(Transparenzprinzip).* Das *Johari-Fenster* als Modell zeigt das Spannungsfeld, das aus ungleich verteiltem Wissen entsteht (Tab. 2.1); es wurde schon vor Jahrzehnten entwickelt von den US-amerikanischen Sozialpsychologen *Joseph „Joe" Luft* (*1916, †2014) und *Harrington „Harry" Ingham* (*1916, †1995).
- Alle Beteiligten müssen vertretungs- und entscheidungsbefugt sein sowie angemessen miteinander verhandeln können *(Symmetrieprinzip).* Sie benötigen

**Tab. 2.1** Johari-Fenster (Luft & Ingham, 1951)

| | Die anderen wissen … | Die anderen wissen nicht … |
|---|---|---|
| Ich weiß … | Gleichstand des Wissens ist ein sinnvolles Ziel für ausgewogene Verhandlungen und Grundlage für Lösungen im Sinne aller Beteiligten | Ich kann meinen Vorteil auf ganz unterschiedliche Weise ausnutzen oder mein Wissen den anderen Beteiligten vermitteln |
| Ich weiß nicht … | Die anderen Beteiligten können mir ihr Wissen vermitteln oder ihren Vorteil auf ganz unterschiedliche Weise nutzen | Einflüsse gesellschaftlicher Rahmenbedingungen, „höherer Gewalt" oder Dritter im Hintergrund können Verhandlungen gefährden oder überflüssig machen |

demzufolge Verhandlungsspielräume und sollen möglichst „auf Augenhöhe" verhandeln, um dies eher ergebnisoffen und selbstbestimmt als stellvertretend und fremdbestimmt zu tun. Doch im Geschäftsleben gibt es zumeist aufgrund vielfältiger Rahmenbedingungen keine beliebige Auswahl an Lösungen. „Alles ist möglich" – das war in Weiterbildungen der 90er oft zu vernehmen, hat sich aber auch schon damals auf der Baustelle oder im Büro anders dargestellt.

Zu Beginn einer Verhandlung müssen die Beteiligten somit Wesentliches klären (Kraus, 2019, 2021):

- Sollen bestimmte Ziele auf jeden Fall erreicht werden oder kann auch „kein Ergebnis" ein sinnvolles Ergebnis sein? Geht es also um das „Ob" oder das „Wie"?
- Soll Altes bewahrt und Neues verhindert oder Neues befördert und Altes überwunden werden?
- Sollen neue Lösungen gefunden oder soll „nur" zwischen vorhandenen/bekannten/bewährten Lösungen ausgewählt werden?

Verhandlungen folgen nicht immer den Lehrbüchern. Die Beteiligten sind nun einmal Menschen; damit spielen Wahrnehmungen und Deutungen, Lebenserfahrungen und Weltanschauungen eine erhebliche Rolle. Menschen erfassen ihre Lebenswelt mit den fünf Sinnen:

- Sehen (visuell),
- Hören *(auditiv),*

- Fühlen *(kinästhetisch)*,
- Schmecken *(gustatorisch)*
- Riechen *(olfaktorisch)*.

Das Wahrgenommene wird umgehend mit Erfahrungen, Bedürfnissen oder Glaubenssätzen abgeglichen und in Weltbilder eingeordnet. Missverständnisse wirken dabei ebenso wie Vorurteile; wahrgenommen wird vorrangig, was man erwartet oder was besonders auffällig erscheint. Ein Reiz aus der Umwelt kann bei verschiedenen Menschen daher ganz verschiedene Empfindungen und Entscheidungen auslösen. Menschen beeinflussen ihre Lebenswelten allgemein durch

- ihre Sprache (die mehr als nur Inhalt, sondern auch Gefühle überträgt) und Körpersprache (die noch weit mehr als die Sprache vermittelt): Mimik, Gestik, Atmung und Haltung,
- ihr Verhalten (wovon das Handeln nur die bewusste Teilmenge ist), ihre Kleidung und ihr Lebensumfeld sowie
- die Eindrücke und Vorstellungen, die andere von ihnen gewinnen – insbesondere aufgrund ihres Aussehens, ihrer Herkunft, ihres Alters, ihres Glaubens, ihres Vermögens und anderer Merkmale – oder aufgrund von Gerüchten und Vermutungen!

Wie bei allen Verständigungsversuchen wirken in Verhandlungen somit viele Einflussgrößen; Verhandlungen sind fehler- und störanfällig – mit vielfältigen Anlässen für Fehldeutungen. Forscher wie *Paul Watzlawick* oder *Friedemann Schulz von Thun* haben einst das Wissen um solche Hintergründe erheblich vermehrt; statt einer ausführlichen wissenschaftlichen Würdigung ihrer Arbeiten folgen hier fünf abgeleitete Regeln für die berufliche Anwendung (Kraus, 2019):

- Es gibt kein Nicht-Verhalten, somit auch keine Nicht-Kommunikation (selbst das Schweigen auf eine Frage vermittelt eine Botschaft). Kommunikation geschieht immer, aber nicht immer bewusst (schon weil sich die Betreffenden sich nicht von außen wahrnehmen oder nicht immer ihre eigentlichen Bedürfnisse kennen).
- Jedes Verhalten hat Gründe, damit auch jede Kommunikation. Diese Gründe sind den Betreffenden nicht zwingend bewusst. Kommunikation verweist auf Bedeutungen, Bedürfnisse, Beziehungen, sie vermittelt neben Inhalten und Absichten vor allem Gefühle und Stimmungen.
- Kommunikation geschieht wechselseitig (über die eben erwähnten „Kanäle"); so kann es geschehen, dass eine Botschaft einerseits nicht in geeigneter Art

und Weise vermittelt, andererseits nicht oder falsch verstanden wird. Auch zeigen Absichten und Wirkungen nicht immer die eigentlichen Bedürfnisse der Beteiligten (etwa wenn diese fremdbestimmt, also auf Anweisung handeln).

• Kommunikation vollzieht sich nicht nur im Gespräch zwischen Anwesenden: Gesetze und Verträge vermitteln ebenso Botschaften wie die Kleidung von Menschen oder die Gestaltung von Gebäuden. Wer die Zeichen seiner Umgebung zu deuten lernt, verbessert die Wahrscheinlichkeit, eigene Botschaften aus verschiedensten Anlässen zielgerichtet zu platzieren.

• Kommunikation bedingt Wechselseitigkeit *(Reziprozität)*, aber nicht zwingend Ausgewogenheit *(Symmetrie)* oder Gleichzeitigkeit *(Synchronität):* Jemand vermittelt eine Botschaft, jemand anderes nimmt sie wahr – doch die Beteiligten müssen sich weder gut kennen noch völlig verstehen oder gar vertrauen. Wenn sie schriftlich verhandeln, müssen sie noch nicht einmal zur gleichen Zeit am gleichen Ort sein.

Erstrebenswert ist ein Zustand des freien Austauschs von Information, einer „guten" Kommunikation *(Rapport);* dazu sollten bei den Beteiligten Sprache und Körpersprache zueinander passen *(Kongruenz)*, ebenso Äußerungen und Handeln *(Authentizität)*. Doch selbst bei bestem Willen stimmen Selbst- und Fremdbilder von Menschen selten völlig überein, und auch ohne böse Absichten kann Verständigung aufgrund von Missverständnissen, Nachlässigkeit und Überforderung scheitern – oder etwas griffiger (Kraus, 2019):

• *Wichtig ist weniger, was gesagt, sondern was verstanden wird.*
• *Alles, was man sagt, kann auch missverstanden werden.*
• *Wenn man sich besonders bemüht, verstanden zu werden, wird man besonders leicht missverstanden.*
• *Was wichtig ist, versteht man oft nicht gleich; was man versteht, wird sich als weniger wichtig erweisen.*
• *Wenn wichtig ist, dass man versteht, wird man aber letztlich verstehen, was wichtig ist.*

# Vorbereitung

3

*Er war ein Freund von faulen Kompromissen,*

*benutzte jede List und jeden Trick,*

*doch eines Tages war er aufgeschmissen:*

*Ihm unterlief ein Kompromissgeschick.* – Hansgeorg
Stengel

Pauschal ausgedrückt hat die besten Erfolgsaussichten, wer in Verhandlungen

- die anderen Beteiligten wirklichkeitsnah einschätzen kann,
- den Verhandlungsgegenstand und die sonstigen Umstände kennt (dazu gehören im Geschäftsleben auch Marktlage, Branchenüberblick, Preisentwicklungen, …) sowie
- Lebenserfahrung und Verhandlungsgeschick besitzt (und dabei die eigenen Stärken und Schwächen kennt).

Es ist ebenso wichtig, die eigenen Bedürfnisse als auch die der anderen Beteiligten zu verstehen. Sach- und Rechtskenntnis genügen nicht, wenn es an Menschenkenntnis fehlt. Doch in unserer heutigen Gesellschaft werden vorrangig Mängel, Fehler, Verluste, Nachteile, Störungen wahrgenommen und nicht Gewinne, Vorteile, Erfolge. Das kann unter Stress einen „Tunnelblick" bewirken. Wer also beim Verhandeln regelmäßig

- sein Gegenüber als Gegner auffasst,
- die Unterschiede stärker wahrnimmt als die Gemeinsamkeiten und

M. H. Kraus, *Verhandlungsführung*, essentials,
https://doi.org/10.1007/978-3-658-36887-6_3

- die Widersprüche *(„entweder – oder")* stärker als die Gegensätze *(„sowohl – als auch"),*

fördert nicht die Suche nach Lösungen. Es gibt Fälle, in denen Vorsicht geboten ist; wer jedoch grundsätzlich davon ausgeht, wird sein Misstrauen, seine Vorurteile, seine Abneigungen unter allen Anwesenden verbreiten. Die Folgen werden nicht ausbleiben, die Erfolge schon: Eine derartige Verhandlung ist eine selbsterfüllende Prophezeiung, denn wer nach Hindernissen sucht, wird sie auch finden. Jede Verhandlung erfordert auch aus diesen Gründen eine sorgfältige Vorbereitung – etwa anhand weiterer Leitfragen:

**Beteiligte und Dritte**

- Wer sind die Beteiligten? Was wollen und was müssen sie erreichen?
- Kennen sich die Beteiligten, haben sie schon einmal miteinander verhandelt?
- Welche (Ver-)Handlungsspielräume haben sie? Handeln sie eigenverantwortlich oder stellvertretend/beauftragt/bevollmächtigt? Was haben sie zu gewinnen und zu verlieren?

**Ziele und Zwecke**

- Was ist der Grund für die Verhandlungen (Vertragsabschluss im Tagesgeschäft, Gesetzesänderung/Gerichtsurteil, Störfall/Beschwerde, …)?
- Gibt es Handlungsmöglichkeiten, die für einzelne Beteiligte „besser" (schneller, einfacher, günstiger, sicherer, einträglicher, …) sind als eine Verhandlung?
- Was sind die Verhandlungsgegenstände? Worum wird „eigentlich" verhandelt? Was sind die (rechtlichen, wirtschaftlichen, sachlichen, zeitlichen, …) Grenzen der Verhandlungsspielräume?
- Haben die Beteiligten über diese oder ähnliche Gegenstände bereit verhandelt? Was waren die Ergebnisse?
- Welche Bedeutung hat die Verhandlung im Umfeld (Auswirkungen im gesamten Unternehmen oder Siedlungsgebiet, Breitenwirkung, Rechtsfolgen, …)?

**Umfeld**

- An welchem Ort soll die Verhandlung stattfinden?
- Welcher Zeitrahmen ist einzuhalten (gesetzliche Fristen, unternehmerische Planung, …)?
- Welcher Rechtsrahmen gilt, welche Verträge und sonstigen Bedingungen?

Sind die Beteiligten grundsätzlich zu Gesprächen bereit, sollte die Verhandlung

- zumindest anfangs nur gemeinsam, zwischen anwesenden Beteiligten stattfinden (wobei die Corona-Pandemie zeigte, dass Videokonferenzen mit etwas Übung ihren Zweck erfüllen),
- wenn sich das Miteinander als tragfähig erwiesen hat, können im Umlaufverfahren Unterlagen zur gemeinsamen Begutachtung und Bearbeitung versendet werden,
- ferner kann ein gegebenenfalls beauftragter Vermittler im Pendelverfahren reihum alle Beteiligten aufsuchen.

Beruflich bedingte Verhandlungen betreffen oft geheimhaltungsbedürftige betriebliche Angelegenheiten; ferner sind diverse Gewährleistungs-, Kündigungs- und Verjährungsfristen zu beachten. Das macht es erforderlich, sich in wichtigen Verhandlungen nicht nur rechtlich beraten zu lassen, sondern vor Beginn der eigentlichen Verhandlung *Regelungen zu Geheimhaltung und Vertrauensschutz* zu vereinbaren, insbesondere sind

- der Umgang mit Unterlagen sowie mit Mitschriften/Mitschnitten,
- bei größeren Vorhaben ferner Einzelheiten zur Öffentlichkeitsarbeit und
- für den Fall eines nachfolgenden Gerichtsverfahrens auch die Schweigepflicht der Beteiligten zu regeln, die vor einer Aussage eine gegenseitige Entbindung erfordert.

Arbeitsverträge enthalten üblicherweise pauschale Klauseln zum vertraulichen Umgang mit Betriebsgeheimnissen, was aber Regelungen für den Einzelfall nicht ausschließt – dazu sei verwiesen auf das neue Geschäftsgeheimnisgesetz.

# Regeln der Verhandlungsführung 4

*Gedacht ist nicht gesagt.*

*Gesagt ist nicht gehört.*

*Gehört ist nicht verstanden.*

*Verstanden ist nicht einverstanden.*

*Einverstanden ist nicht gehandelt. – Konrad Lorenz*

Aufwand und Nutzen von Verhandlungen müssen für die Beteiligten in einem vertretbaren Verhältnis stehen *(Effizienzprinzip)*. Verhandlungen verursachen (Mehr-) Kosten – aufgewendete Arbeitszeit, eingeholter Rechtsrat, erforderliche Gutachten, beauftragte Vermittler sowie zwischenzeitlich nicht erfolgende Entscheidungen sind einzupreisen, bei einem Scheitern zudem die Kosten eines eventuellen Rechtsstreits. Abgesehen von Scheinverhandlungen, in denen Beteiligte „hingehalten" oder „mürbe gemacht" werden sollen, gibt es einen *Grenznutzen:* Ab einem bestimmten Zeitpunkt entsteht kein Fortschritt mehr; gelingt unter diesen Bedingungen keine Einigung, muss vertagt oder abgebrochen werden.

**Verhandlungsspielräume**
Geht es nur um eine Größe (Preis/Geld), haben die Beteiligten jeweils eine Ober- und Untergrenze; jede weitere Größe (Zeit, Menge, …) bringt jeweils weitere Ober- und Untergrenzen. Der Verhandlungsspielraum ist die Schnittmenge, in der Einigungen möglich sind. Bildlich können Abhängigkeiten von höchstens vier Größen dargestellt werden, wenn eine davon die Zeit ist (Abb. 4.1). Der Verhandlungsspielraum kann sich während der Verhandlung durch Erkenntnisfortschritte der Beteiligten

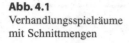

**Abb. 4.1**
Verhandlungsspielräume
mit Schnittmengen

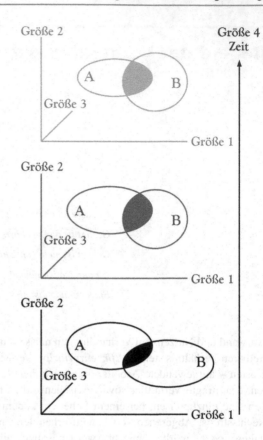

oder äußere Einflüsse (Weisungen Dritter, Änderungen der Rechts- und Marktlage) verändern.

Geld und Gefühle lassen sich kaum gegeneinander aufrechnen; der Preis einer Sache ist etwas anderes als ihr Wert. Verhandlungsgegenstände müssen jedoch nicht zwingend bezifferbar sein; kann man sie gewichten, ordnen und teilen, genügt dies, um sie nacheinander abzuarbeiten. Wer beim Verhandeln dem *Maximalprinzip* folgt, erstrebt einen möglichst hohen Nutzen (oder Gewinn); beim *Minimalprinzip* ist es ein möglichst geringer Aufwand (oder Verlust). Im Tagesgeschäft geht es meist um eine Mischung beider: Sollen einzelne Beteiligte gewinnen oder möglichst alle? Soll zumindest niemand verlieren?

Lehrbücher haben nur einen begrenzten Nutzen im Tagesgeschäft: Meist will in den Übungsaufgaben der Einkäufer möglichst gute Ware zum möglichst niedrigem

Preis, der Hersteller dafür einen möglichst hohen Preis. Tatsächlich kann es darum gehen, etwas weniger gute Ware zu einem niedrigen Preis, dafür in einem noch vertretbaren Zeitraum, oder derzeit lieferbare Ware zu einem gerade noch vertretbaren Preis, oder gute Ware wenn schon zu einem hohen Preis, dann aber möglichst schnell zu bekommen – und Ähnliches mehr. Es geht im Einzelfall um Lieferzeitraum, Gewährleistung, Erbringungsort, Schadenersatz ebenso wie um Rabatt und Skonto …

Grundsätzlich soll der Verhandlungsspielraum überlegt und großzügig angesetzt werden, um später Forderungen nachlassen zu können (das ist leichter gesagt als getan). Die Verhandlung muss allen Beteiligten ermöglichen, guten Willen zu zeigen. Doch ein übereilter Verzicht auf Teile der Forderung oder eine zu schnelle Festlegung auf einen Lösungsansatz kann durchaus so erscheinen, als seien die Betreffenden schwach oder hätten einen allzu großzügigen „Verhandlungsaufschlag" eingepreist. Verhandlungsspielräume sollen grundsätzlich nicht offenbart werden. Ausnahmsweise kann dies geschehen, wenn eine Seite zeigen will oder muss, dass weiteres Entgegenkommen schlicht nicht möglich ist: Wer keinen nennenswerten Verhandlungsspielraum hat, kann immer noch ehrlich eine Zwangslage bekennen oder vorsichtig die Grenzen der Gegenseite austesten.

## Verhandlungsführung

Viel wurde geschrieben über „Stile" und „Typen" Verhandelnder, und gewiss ist es sinnvoll, sich auf sein Gegenüber einzustellen – das schützt vor Missverständnissen und Enttäuschungen. Man begegnet Menschen, die

- selbstsicher, anmaßend bis überheblich,
- gleichgültig und gelangweilt oder auch gestresst und überfordert,
- freundlich und verbindlich,
- mitunter redselig und konfus,
- knapp und gründlich, gar fordernd und rechthaberisch verhandeln

sowie vielen anderen Ausprägungen. Wichtiger ist es zu erkennen, ob in der Verhandlung die offenen oder die verdeckten Absichten vorherrschen: Verhandeln die Beteiligten um Angelegenheiten, die ihnen allen gleichermaßen bekannt und ähnlich wichtig sind, und stimmen sie auch darin überein, dass eine zeitnahe Lösung gesucht wird, ist es nicht nötig, zu täuschen, zu verzögern oder sich zu bekämpfen. Ist allseits der gute Wille erkennbar, gibt es bereits eine gemeinsame Grundlage – dass unterschiedliche Menschen sich unterschiedlich zu verständigen suchen, sollte dann kein wesentliches Hindernis mehr sein.

Selbstverständlich ist heutzutage auch, dass man sich vor Verhandlungen kundig macht über Besonderheiten und Gebräuche anderer Sprach- und Kulturräume, wenn mit Menschen aus solchen verhandelt wird. *Interkulturalität* ist aber wohlgemerkt nicht nur eine Sache des Herkunftslandes oder des Glaubens: Man trifft durchaus Menschen, deren Vorfahren schon im selben Ort ansässig waren und die sich trotzdem untereinander fremder sind als Zugewanderte, die aus verschiedenen Gegenden der Welt kommend in eben diesem Ort eine Heimat gefunden haben.

Demgegenüber gibt es Handlungsweisen, die moralisch zweifelhaft und gelegentlich rechtswidrig sind, wie Stress durch Zeitdruck und Gerüchte zu erzeugen, Lügen zu verbreiten oder Macht auszuspielen, um die eigenen Ziele vorrangig durchzudrücken. Zu den plumpen Beeinflussungen gehört die Wahl eines nicht geeigneten Verhandlungsortes, der zu warm, zu kalt, zu laut ist oder bei einzelnen Beteiligten schlechte Erinnerungen auslöst. Die Versuchung, solche Mittel einzusetzen, mag groß sein, wenn die eigene Lage aussichtslos erscheint oder man mit den anderen Beteiligten voraussichtlich nicht noch einmal zu tun haben wird. Doch zu lügen, um sich einen Vorteil zu verschaffen und sein Gegenüber für dumm zu verkaufen, schadet der Seele und dem Ruf – und rächt sich, wenn man genau diesem Gegenüber doch noch einmal begegnet.

Drohungen sind nicht nur moralisch zweifelhaft und können Schwäche zeigen, vielleicht auch Verzweiflung oder „wunde Punkte". Strafrechtlich ist übrigens nur die Ankündigung strafbarer Handlungen eine Drohung – nicht jedoch der Verweis auf Rechtsmittel oder die Folgen vertragswidrigem Handelns. Nach dem Motto „grober Klotz auf groben Keil" können klare Ansagen angebracht sein – aber auch das Gegenteil des Gewünschten bewirken: Menschen brauchen zumindest das Gefühl, dass sie einige der eingangs geschilderten Handlungsmöglichkeiten haben. Drohungen (und Ankündigungen) wirken im Übrigen nur, wenn sie verstanden werden, und bewirken außerdem, dass die sich derart Äußernden wenn nicht selbst angefeindet, so doch gemieden werden; man wird künftig nicht gleichberechtigt oder bereitwillig mit ihnen verhandeln wollen.

Zu den Ansätzen, die Druck erzeugen sollen, gehört das Ausnutzen wirtschaftlicher Zwangslagen einzelner Beteiligter – die dabei als Bittsteller erscheinen. Hier können Zeit- und Kostendruck gleichermaßen als Hebel wirken: Wer mitten in einem Bauvorhaben wesentliche Gewerke austauschen muss, ist in der Klemme, zumal in einer Zeit von Fachkräftemangel und Baustoffknappheit. Wer nur einen bekanntermaßen kleinen Kostenrahmen planen kann, muss gegebenenfalls über Eigenleistungen verhandeln. Dann ist die Wahrscheinlichkeit groß, dass die Gegenseite enge Fristen setzt („... *dieses Angebot gilt nur noch bis Freitag ...* ") oder nebenbei reichlich Kleingedrucktes in die Vereinbarung schiebt („... *das sind unsere üblichen Vertragsbedingungen in so einem Fall ...* ").

Mitunter wird ein hohes Einstiegsangebot gemacht – und dann bei „näherer Prüfung" mit diversen Begründungen gemindert: Diese Verfahrensweise wird gelegentlich bei Verhandlungen um Geschäftsübernahmen und Unternehmensnachfolgen angewendet, ebenso beim Verkauf von *Start-Ups* oder dem Erwerb von Liegenschaften; gegebenenfalls dienen solche Verhandlungen dazu, die Ausgangslage für eine Zwangsversteigerung zu erkunden. Nun ist eine solche Prüfung des Kaufgegenstandes und der Unterlagen wichtig (Stichwort *Due Diligence*), aber auf seriöses kaufmännisches Gebaren kann nicht immer vertraut werden: Sich zu früh auf ein Angebot festzulegen oder sich den Zeitrahmen der Gegenseite aufzwingen zu lassen, könnte sich nachteilig auswirken.

Hinter all dem eröffnet sich eine Grauzone des Verhandelns, die beispielsweise in den *36 Stratagemen* aufgezeigt wird – einer alten chinesischen Sammlung von Verhandlungstricks, auch als *Listen* bezeichnet (von Senger, 2011); listiges Verhandeln war und ist jedoch in vielen Kulturen üblich. Es beruht darauf, dass niemand in Verhandlungen verpflichtet ist, „alles" zu offenbaren. Vielmehr kann man die Vorstellungswelt und das Seelenleben des Gegenübers für sich arbeiten lassen; man kann Menschen etwas glauben zu lassen, ohne zu lügen *(Bluff, Trick)*. Wahrnehmungen und deren Deutungen sind nicht fehlerfrei; Menschen werden auch von ihren Gewohnheiten und Wünschen gesteuert. Wie man letztlich verhandelt, ist eine Frage der eigenen Werthaltung und der äußeren Umstände.

**Verhandlungsregeln**
Nach dem erwähnten *Harvard-Modell* sind Verhandlungen aussichtsreich, wenn Folgendes erfüllt ist:

- Die Beteiligten und die Gegenstände der Verhandlung dürfen nicht verwechselt werden; mit anderen Worten sind sachliche (wirtschaftliche, rechtliche, zeitliche, …) und menschliche Anteile zu trennen. Das ist besonders schwierig, wenn die Verhandlungsgegenstände umstritten sind, die Beteiligten sich schon bei früheren Gelegenheiten nur schlecht verständigen konnten oder durch Dritte Druck ausgeübt wird.
- Alle Lösungsansätze sind auf die Bedürfnisse der Beteiligten auszurichten. Das umfasst wie oben beschrieben den Gleichstand des Wissens über die Verhandlungsgegenstände, aber auch den Willen zur Einigung. Diese Forderung kann der ersten Forderung widersprechen, wenn einzelne Beteiligte Genugtuung für frühere Enttäuschungen und Kränkungen, gar Rache und Vergeltung anstreben, oder wenn weltanschauliche Streitigkeiten in die Verhandlung getragen werden.
- Es werden möglichst mehrere Lösungsansätze gesucht, aus denen auszuwählen ist. Bei deren Erarbeitung zeigt sich, ob die Beteiligten zielführend und

sachgerecht miteinander arbeiten können und sich ihre Verhandlungsspielräume tatsächlich überschneiden. „Denkverbote" darf es nicht geben. Zwischen den Lösungsansätzen ist nach anerkannten und sinnvollen (rechtlich oder wissenschaftlich begründeten) Vorschriften und Verfahren auszuwählen. Auch Teillösungen sind denkbar. Die Beteiligten sollen sich dabei – um es noch einmal zu wiederholen – begleitend rechtlich beraten lassen.

Die wichtigsten Gestaltungsmittel in Verhandlungen sind Sprache und Körpersprache. Erstere umfasst neben dem Fragen (auch Nach- und Rückfragen) insbesondere das Zusammenfassen, Erklären, Erläutern, Umdeuten, Begründen. Mehrere Beispiele sind im Anhang aufgeführt; sie beruhen auf langjähriger Seminartätigkeit und Verhandlungsführung. Zur Körpersprache gehören einige einfache und daher oft missachtete Verhaltensweisen. So wirkt eine kulturell bedingte Raumstaffelung in der

- *Gestik: positiv* (Kopf- bis Brustbereich), *neutral* (Brustbereich bis Gürtellinie), *negativ* (unterhalb der Gürtellinie im wörtlichen Sinn) und der
- *Distanz:* Privatzone (0-½ m) – Gesprächsbereich (½-1½ m) – Gesellschaftlicher Bereich (>1½ m) für Vorträge oder Ähnliches.

Zu viel Nähe kann einschüchternd oder zumindest lästig wirken, zu große Entfernung lässt Wirkung schwinden; das gilt auch für die Lautstärke Vortragender. Wer sich zu lebhaft gebärdet oder gar im Verhandlungsraum herumläuft, erzeugt weniger den Eindruck von Dynamik als von Nervosität. Bei der Arbeit mit Gruppen ist ferner zu beachten, den Anwesenden möglichst nicht den Rücken zuzukehren oder nicht in Gruppen hineinzutreten (wenn diese etwa im Kreis oder Halbkreis sitzen). Ferner sollte man unterschiedliche Inhalte in unterschiedlichen Haltungen vermitteln (beispielsweise Begrüßung, Zusammenfassung, Verabschiedung mittig stehend, Zeigen bekannter Inhalte aus Sicht der Gruppe von links, Zeigen neuer Inhalte von rechts – entsprechend der üblichen Leserichtung).

Alltägliches Wahrnehmen und Deuten beruht oft auf zweiseitigen Leitunterscheidungen *(Binärcodes);* das sind nützliche Entscheidungshilfen, sofern sie nicht für ein grundsätzliches „Schwarz-Weiß-Denken" stehen (Kraus, 2019). So ist es wichtig zu wissen, ob Menschen im Einzelfall eher selbst- oder fremdbestimmt handeln (Tab. 4.1). Doch bei näherer Betrachtung zeigen sich hinter der groben Einteilung oft Feinheiten, die es beim Verhandeln zu erkennen gilt (Tab. 4.2).

Das Gewichten und Ordnen von Verhandlungsgegenständen und Lösungsansätzen *(Priorisierung)* kann wichtig werden, wenn es mehrere davon gibt und die Beteiligten diesen unterschiedliche Bedeutung beimessen:

**Tab. 4.1** Beweggründe für das Handeln in zweiseitiger Unterscheidung (Kraus, 2019)

|  | Positivmotivation (intrinsisch – „hin zu") | Negativmotivation (extrinsisch – „weg von") |
|---|---|---|
| Antrieb | Wunsch, Neigung, Hoffnung | Forderung, Zwang, Furcht |
| Leitsätze | „Handle ich, wird es besser." „Handle ich nicht, bleibt alles wie es ist." | „Handle ich, bleibt alles wie es ist." „Handle ich nicht, wird es schlimmer." |
| Wirksamkeit | Langfristig | Kurzfristig |
| Wahrnehmung | Gemeinsamkeiten, Gewinne, Vorteile, Erfolge, Stärken, … | Unterschiede, Verluste, Nachteile, Niederlagen, Schwächen, Mängel, Fehler, … |
| Beispiele | Liebesbeziehung, Unternehmensgründung, … | Dienstanweisung, Störfall/Notfall, … |

**Tab. 4.2** Absichten und Hintergründe (Kraus, 2019)

| Warum wollen wir etwas? | Warum wollen wir etwas n i c h t? |
|---|---|
| • Weil wir es kennen und wissen, dass es für uns gut ist? | • Weil wir es kennen und wissen, dass es schlecht für uns ist? |
| • Weil wir es dringend brauchen? | • Weil wir es nicht brauchen? |
| • Weil wir uns daran gewöhnt haben und zu bequem sind, etwas anderes zu suchen? | • Weil es nicht gut genug für uns ist? |
| • Weil wir davon abhängig sind? | • Weil es uns nicht gefällt? |
| • Weil wir uns nichts anderes leisten können? | • Weil wir es nur flüchtig kennen, aber zu bequem sind, uns damit näher zu befassen? |
| • Weil wir es nur brauchen, um uns abzulenken? | • Weil es jemand hat, den wir nicht mögen? |
| • Weil es uns gefällt? | • Weil wir es uns nicht leisten können? |
| • Weil andere von uns erwarten, dass wir es haben? | • Weil wir noch nicht wissen, dass es so etwas gibt? |
| • Weil wir es gewinnbringend verwerten wollen? | • Weil man von uns erwartet, dass wir es ablehnen? |
| • Weil wir uns für berufen halten, es zu besitzen? | • Weil wir auch sonst nicht wissen, was wir wollen? |

Nützlich ist hier (1.) die altbekannte *Eisenhower-Matrix* (Tab. 4.3).

Auch kann (2.) paarweise gegeneinander abgewogen werden; das jeweils höher Gewichtete erhält einen Punkt (bei vier Dingen A, B, C, D wäre zu vergleichen A/B, A/C, A/D, B/C, B/D, C/D). Oder alle Beteiligten können so viele Punkte auf die

**Tab. 4.3** Eisenhower-Matrix

| Die Sache ist … | … dringend | … nicht dringend |
|---|---|---|
| … wichtig | Die Beteiligten müssen sich umgehend mit der Sache befassen und darüber möglichst einigen | Die Beteiligten sollten sich einigen, inwiefern sie sich zu gegebener Zeit mit der Sache befassen |
| … nicht wichtig | Die Beteiligten sollten sich verständigen, ob sie die Sache jemand anderem übertragen können | Die Beteiligten müssen sich mit der Sache (vorerst) nicht befassen |

Verhandlungsgegenstände/Lösungsansätze verteilen, wie es von Letzteren gibt. In beiden Fällen ergibt sich eine sinnvolle Reihenfolge nach der Zahl der Punkte.

Möglich ist (3.) auch das Ausschlussverfahren; die am wenigsten beliebten oder am wenigsten machbar erscheinenden Vorschläge werden zuerst ausgesondert:

- Was wollen wir nicht? Was können wir nicht? Was dürfen wir nicht?
- Was ist zu teuer, zu aufwendig, zu gefährlich, zu langwierig?
- Was wirkt nach außen zögerlich, oberflächlich oder beschwichtigend?

Auf diese Weise bleibt nicht nur eine übersichtliche Grundmenge für eine Entscheidung übrig, sondern es offenbaren sich „Denkverbote", die es zu hinterfragen gilt. Anschließen kann sich die Erörterung der günstigsten und der schlechtesten Lösung *(Best Case/Worst Case)* anschließen, am Besten anhand guter Erfahrungen mit der Bewältigung ähnlicher Herausforderungen *(Best Practice)*.

Der Erfolg von Verhandlungen ist wesentlich von der Bereitschaft der Beteiligten abhängig, sich zu verständigen und aufeinander einzugehen. Verhandlungsführung muss auch darauf gerichtet sein, Widerstände und Vorbehalte zu entkräften und die Beteiligten zueinander zu führen (siehe Anhang). Es gilt die Regel:

- *„Richtiges", von den „Richtigen" unter den „richtigen" Umständen (Ort, Zeit, Umfeld) vermittelt, wird aufgenommen.*
- *„Richtiges", von den „Richtigen" unter den „falschen" Umständen vermittelt, wird eher aufgenommen als abgelehnt.*
- *„Richtiges", von den „Falschen" unter den „richtigen" Umständen vermittelt, wird eher abgelehnt als aufgenommen.*
- *„Richtiges", von den „Falschen" unter den „falschen" Umständen vermittelt, wird abgelehnt.*

- *„Falsches", von den „Richtigen" unter den „richtigen" Umständen vermittelt, wird eher aufgenommen als abgelehnt.*
- *„Falsches", von den „Richtigen" unter den „falschen" Umständen vermittelt, wird eher abgelehnt als aufgenommen.*
- *„Falsches", von den „Falschen" unter den „richtigen" Umständen vermittelt, wird abgelehnt.*
- *„Falsches", von den „Falschen" unter den „falschen" Umständen vermittelt, wird abgelehnt.*

Somit geht es darum, allen Beteiligten frühzeitig zu vermitteln, dass nur die „Richtigen" miteinander am Tisch sitzen. Vor allem dienen Verhandlungen nicht zum Belehren, Erziehen, Bevormunden, Strafen oder Weltverbessern.

Gemeinsames Lachen zeigt Fortschritte in einer Verhandlung, vielleicht sogar ein gutes Ende. Etwas anderes ist es, wenn einige Beteiligte über die anderen lachen. Es ist eine Gratwanderung, denn nicht alle Menschen erkennen, zumal unter Stress, die feinen Unterschiede:

- *Humor* ist die Begabung, in Herausforderungen Komisches, Abseitiges, Widersinniges zu erkennen; er verleiht Gelassenheit im Leben, weil er davor bewahrt, von ähnlichen Sorgen und Befürchtungen befallen zu werden wie andere in ähnlichen Lebenslagen.
- *Ironie* ist die Fähigkeit, sich über Menschen, Ereignisse und Gegebenheiten so zu äußern, dass nur wenige ähnlich Befähigte bemerken, dass auf Komisches, Abseitiges, Widersinniges verwiesen wird. Humor und Ironie sind nur wenigen zu eigen und nicht erlernbar. Andere fühlen sich unter Umständen ausgeschlossen, weil sie Anspielungen nicht verstehen, oder angegriffen.
- *Komik* verletzt Erwartungen und erzeugt damit Heiterkeit. Auch sie erfordert eine bestimmte Begabung. Doch entsteht sie auch durch nicht-bewusstes Verhalten derer, die sich dadurch lächerlich machen *(Situationskomik)*. Humor ermöglicht, Komik zu erkennen und zu ertragen, und Ironie, sie auszukosten.
- *Sarkasmus* ist eine Form von Spott oder Hohn und in Verhandlungen nicht angebracht.
- *Zynismus* ist eine mitleidlose, abschätzende Einstellung zur Welt. Er wird in Verhandlungen deutlich, wenn Beteiligte erkennen lassen, dass sie das Ganze als Pflichtübung ansehen, ihre eigenen Ziele weit über die der anderen stellen und ihnen dabei „der Zweck die Mittel heiligt".

# Ergebnisse und (Miss-)Erfolge

*Ergebnis einer mehrstündigen Verhandlung: Zahlt der Schuldner binnen zweier Monate,*

*erlässt der Gläubiger ihm 10 % der Forderung, binnen eines Monats 25 %.*

*Zahlt er innerhalb einer Woche, sind es 50 %, binnen drei Tagen 75 %.*

*Und wenn er das Geld heute noch anweist, braucht er gar nichts zu bezahlen.*

Eine Einigung ist *Konsens* (lat. *consensus*, Übereinstimmung, Zustimmung) oder *Kompromiss* (lat. *compromissum*, Versprechen zur Unterordnung oder Befolgung). Letzterer beinhaltet zumeist einen teilweisen gegenseitigen Verzicht auf ursprünglich Gefordertes, auch bekannt als Vergleich. In beruflichen Verhandlungen wird im Allgemeinen als Erfolg gewertet, wenn

- ein gemeinsames Vorhaben endlich umgesetzt werden kann oder vereinbarte Lieferungen und Leistungen erfolgen,
- ein Rechtsstreit vermieden und
- das Tagesgeschäft wieder aufgenommen wird.

Entsprechende Vereinbarungen können betreffen

- die Durchführung geplanter gemeinsamer Vorhaben *(Zukunft),*
- die Behebung von Störungen in laufenden Vorhaben *(Gegenwart)* oder
- die geordnete Abwicklung (fast) vollendeter Vorhaben *(Vergangenheit).*

M. H. Kraus, *Verhandlungsführung*, essentials, https://doi.org/10.1007/978-3-658-36887-6_5

**Abb. 5.1**
Kommunikationsstrukturen
in Gruppen

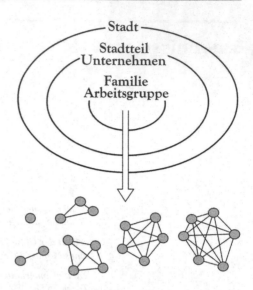

Im Geschäftsleben führt eine erfolgreiche Verhandlung zumindest zu einem Vertrag nach dem Bürgerlichen Recht; gegebenenfalls werden weitere Rechtskreise berührt. Es herrscht grundsätzlich weitgehende Vertragsfreiheit. Bei umfangreichen Angelegenheiten und Zweifeln sollen die Beteiligten den Entwurf einer Vereinbarung vor Unterzeichnung rechtlich prüfen lassen. Vereinbarungen, die später nachverhandelt werden müssen oder zu Rechtsstreit führen, weil sie missverständlich, lückenhaft oder rechtswidrig sind, dienen nicht dem Rechtsfrieden. Sinnvolle Leitfragen sind:

• Woran können die Beteiligten erkennen/messen, ob ihre Ziele erreicht sind (Kennzahlen)?
• Können die Beteiligten ihre Ziele tatsächlich im gemeinsamen Wirken erreichen?
• Welche Mittel haben die Beteiligten bereits, welche fehlen ihnen noch?

Mit der Zahl der Beteiligten und/oder der Verhandlungsgegenstände sinkt grundsätzlich die Wahrscheinlichkeit einer Einigung (Abb. 5.1); entwicklungsgeschichtlich bedingt können Menschen sich in kleinen, übersichtlichen Gruppen am besten entfalten. Verdoppelt (oder verdreifacht) sich beispielsweise die Zahl der Gruppenmitglieder, vervierfachen (oder verneunfachen) sich die möglichen – auch strittigen – Zweierbeziehungen; entsprechend schwierig werden die Verhandlungen. Verantwortungsvolle und umsichtige Verhandlungsführung ermöglicht, frühzeitig Schwierigkeiten zu erkennen, Gemeinsamkeiten herauszuarbeiten oder Verhandlungsgegenstände zu teilen und zu gewichten, sodass sie sinnvoll abzuarbeiten sind. Das gelingt so gut, wie alle Beteiligten sich einbringen wollen und können: Wer erkennen lässt, dass die Angelegenheit nicht so wichtig ist, darf sich über ausbleibende Erfolge nicht wundern *(GIGO – Garbage In, Garbage Out)*. Wirkungen werden nicht nur von „höherer Gewalt" und äußeren Einflüssen bestimmt, sondern auch Verhalten der Beteiligten, das wiederum Vorgeschichte und Umstände widerspiegelt:

- Haben sie bereits miteinander verhandelt oder zusammengearbeitet (und geschah dies freiwillig)?
- Müssen/wollen sie auch künftig miteinander verhandeln oder zusammenarbeiten?
- Nehmen sie sich gegenseitig wahr als ehrlich, verlässlich, sachkundig, rechtstreu, … oder eben nicht?

Erscheinen Gemeinsamkeiten als zu schwach *(„ … irgendwie müssen wir das doch hinkriegen …"),* taugen sie nicht als Grundlage einer Einigung. Zu beachten sind die Bedürfnisse und Erwartungen: Es kann nur geregelt werden, was rechtzeitig zur Sprache kommt. Wenn es Einzelnen nicht nur um eine Sachlösung geht, sondern um Zusatznutzen, kann die Sache sich hinziehen. Mitunter wollen Beteiligte ausloten,

- wer stärker ist oder zuerst die Nerven verliert,
- wie sie am schnellsten/billigsten/einfachsten aus der Sache herauskommen oder
- was sie noch so herausschinden können (Stichwort *Kulanz*).

Gerechtigkeit und Ausgewogenheit anzustreben ist immer wichtig; ob dies erreicht wurde, können nur die Beteiligten beurteilen. Daher mag eine Verhandlung auch erfolgreich enden, obwohl einzelne Beteiligte deutlich mehr geredet haben als andere und keine lehrbuchmäßige 50/50-Lösung gefunden wurde: Wenn alle zufrieden sind, sind eben alle zufrieden. Ebenso können „Vermeidung von Rechtsstreit" oder „Rückkehr zum Tagesgeschäft" wirksamere Zielbilder sein als Forderungsnachlässe. Auch können Beteiligte mit einer Verhandlung zufrieden sein, obwohl Auftraggeber/Vorgesetzten meinen, es wäre mehr herauszuholen gewesen, oder „die Öffentlichkeit" die Ergebnisse (mangels Einblick) bezweifelt. Ganz allgemein kann eine Verhandlung dreierlei bringen:

- Wechsel der Wahrnehmung (von Unterschieden zu Gemeinsamkeiten),
- Wechsel der Erwartungen (von Schlechtem zu Gutem),
- Wechsel des Verhaltens (vom Gegeneinander zum Miteinander).

Ob dies gelingt, kann mit weiteren Leitfragen geprüft werden:

- Was geschieht, wenn wir uns einigen?
- Was geschieht *nicht,* wenn wir uns einigen?
- Was geschieht, wenn wir uns *nicht* einigen?
- Was geschieht *nicht,* wenn wir uns *nicht* einigen?

Abhängig von all diesen Umständen kann eine Verhandlung

- gelingen (also zu einer Vereinbarung führen),
- vertagt werden (mit dem Ziel einer Fortsetzung) oder
- scheitern (und vielleicht in einen Rechtsstreit münden),

und sie wirkt

- kurzfristig (innerhalb eines Geschäftsjahres),
- mittelfristig und gegebenenfalls
- langfristig (über mehrere Geschäftsjahre).

Das gilt es zu bedenken, wobei es gewiss ein Unterschied ist, ob turnusmäßig über Vertragsverlängerung bezüglich üblicher Lieferungen und Leistungen verhandelt wird oder über große Vorhaben wie die Errichtung von Gewerbestandorten oder Wohnsiedlungen. Verhandlungen um Erstere können verschiedenste Lösungen für einzelne Verhandlungsgegenstände liefern:

- Neubewertung oder Übertragung von Forderungen,
- Neugewichtung von Leistungen und Gegenleistungen,
- Stundungen, Abschläge/Vorkasse, Rabatt/Skonto, ...
- Vertragsanpassungen zwecks Planungssicherheit für alle Beteiligten (auch Aufnahme von Preisanpassungsklauseln, Beseitigung nichtiger Klauseln, ...),
- Abstimmung von Gewerken bei Bauvorhaben.

Verhandlungen um größere Vorhaben hingegen bringen grundsätzliche Fragen:

- Ist es möglich, die Planung anzupassen (inhaltlicher Verhandlungsspielraum),

**Tab. 5.1** Ergebnisse einer Verhandlung

| Die Verhandlung ... | Gelang ... | Wurde vertagt ... | Scheiterte ... |
|---|---|---|---|
| Ist kurzfristig ... | Erfolgreich | Offen | Misslungen |
| Ist mittelfristig ... | Eher erfolgreich als misslungen | Erfolgreich oder misslungen | Eher misslungen als erfolgreich |
| Ist langfristig ... | Erfolgreich, misslungen oder unwichtig | Erfolgreich, misslungen oder unwichtig | Erfolgreich, misslungen oder unwichtig |

- das Vorhaben zu verschieben und auch Widrigkeiten aussitzen zu können (zeitlicher Verhandlungsspielraum) oder
- Rechtsmittel zu nutzen, um sich gegebenenfalls in diesem Rahmen zu einigen (rechtlicher Verhandlungsspielraum)?

In einer sich wandelnden Gesellschaft lassen sich kurzfristige Folgen naturgemäß sicherer abschätzen als langfristige – aber eben auch nicht völlig sicher. Hilfreich sind *Szenario-Techniken,* mit denen beste und schlechteste Entwicklungen verglichen werden *(Best Case/Worst Case).* Doch was heute wie ein Erfolg aussieht, kann sich morgen als Fehler erweisen: *Prepare for the worst, hope for the best.* Wer in einem Arbeitsumfeld wirkt, in dem sich Verhältnisse schnell ändern und/oder nur kurzfristig erzielte Abschlüsse als Erfolg gelten, hat möglicherweise einen „Tunnelblick" auf kurze Zeiträume und kommt gar nicht dazu, sich ernsthaft mit der Zukunft zu befassen.

Gründe für das Scheitern von Verhandlungen gehören zu einer dieser drei Gruppen (siehe dazu auch die Checkliste im Anhang):

- Ziele aller oder einzelner Beteiligter fehlten oder erwiesen sich in der Verhandlung als wirklichkeitsfern/widersprüchlich.
- Dritte haben die Verhandlung störend beeinflusst (Druck von Auftraggebern/Vorgesetzten, Pressemitteilungen, Gerüchte ...).
- Die Rahmenbedingungen veränderten sich während der Verhandlung wesentlich (Gesetzgebung, Marktlage, ...); eventuell wird die Verhandlung überflüssig.

Alles in Allem kann sich eine als schwierig wahrgenommene Verhandlung nach längerer Zeit als erfolgreich und sinnvoll herausstellen, eine zunächst als gelungen empfundene aber als verfehlt (Tab. 5.1); langfristig ist alles offen ...

# Schlussfolgerungen

6

*Da die Sicherheit des Handels auf Pünktlichkeit im Bezahlen und auf Treu und Glauben beruht, so setze dich bei den Kaufleuten in den Ruf, streng Wort zu halten und ordentlich zu bezahlen, so werden sie dich höher achten als manchen viel reicheren Mann. ... Hat man Ursache, mit dem Betragen des Mannes zufrieden zu sein, mit welchem man Handelsgeschäfte getrieben hat, so wechsle man nicht ohne Not, laufe nicht von einem Kaufmann zum anderen. Man wird treuer bedient von Leuten, die uns kennen, denen an der Erhaltung unserer Kundschaft gelegen ist, und sie geben uns auch, wenn es unsere Umstände erforderten, leichter Kredit, ohne deswegen den Preis der Waren zu erhöhen. ... Übrigens soll der, welcher kaufen will, die Augen auftun, und es ist unvernünftig, einen Handel von einiger Wichtigkeit zu schließen, ohne sich vorher Kenntnis von dem wahren Wert der Sache erworben zu haben, die man zu kaufen die Absicht hat. – Adolf Freiherr Knigge: Vom Umgang mit Menschen (1788)*

In der Grundstücks-, Wohnungs- oder Bauwirtschaft dienen Verhandlungen – wie in anderen Branchen auch – ganz verschiedenen Zwecken. Übliche Verhandlungsgegenstände und -gelegenheiten sind

- Einstellung von Fachkräften und Gehaltsfindung,
- Beauftragung von Lieferungen und Leistungen,
- Anbahnung von Bau- und Bauträgerverträgen,

M. H. Kraus, *Verhandlungsführung*, essentials, https://doi.org/10.1007/978-3-658-36887-6_6

- Antrags- und Genehmigungsverfahren bei Bau- und anderen Aufsichtsbehörden,
- Beilegung von Streitfällen im Unternehmen und im Geschäftsverkehr,
- Abwicklung von Versicherungsschäden,
- Beitreibung von Forderungen/Außenständen,
- Vorbereitung und Führung gerichtlicher Verfahren,
- Beschaffung von Krediten, Erweiterung von Kreditlinien,
- Lösungssuche mit Betroffenen bei größeren, umstrittenen Bauvorhaben.

Patentrezepte und Garantien für einen Erfolg gibt es nicht; Verhandlungen können und sollen insbesondere nicht

- die Rechtslage verändern (sofern sie nicht nach einem Scheitern gerichtsanhängig werden und zu einem allgemeinverbindlichen Urteil führen),
- keine allgemeinen gesellschaftlichen Fehlentwicklungen beheben (höchstens im Einzelfall helfen, damit umzugehen) oder
- rechtswidrigen oder weltanschaulichen Zwecken dienen.

Menschenkenntnis heißt auch zu wissen, dass Vernunft und Berechenbarkeit unter Stress schwinden. Das ist ein weiterer Grund für den begrenzten Wert wissenschaftlicher Ansätze in alltäglichen Verhandlungen (Stichwort *Rational Choice Theory*); ist man verzweifelt, handelt man mitunter falsch, übereilt, überzogen und äußert Dinge, die man anschließend bedauert. Das muss nicht das Ende von Verhandlungen sein, wenn alle Beteiligten ein grundsätzliches Verständnis füreinander entwickeln. Daher sind Verhandlungen gute Gelegenheiten, eigene Stärken und Schwächen zu hinterfragen und eigene Bedürfnisse zu erkennen.

Verhandlungen brauchen ein förderliches Umfeld. Anzustreben ist eine Unternehmenskultur, in der es selbstverständlich ist, frühzeitig über Schwierigkeiten zu sprechen – ohne Schuldzuweisungen auszulösen. Eine Früherkennung und Frühwarnung ist nicht nur sinnvoll und kostensparend, sondern genügt der zunehmend gesetzlich geforderten Vorsorge für Stör- und Notfälle (Stichworte *Compliance, Risk Management*). Dazu gehört, die Aufnahme und Bearbeitung von Beschwerden, Beanstandungen, Mängelrügen an einem Punkt zusammenlaufen zu lassen und sich mit den branchenüblichen Ansätzen außergerichtlicher Streitbeilegung vertraut zu machen (Kraus, 2021).

Beruflich bedingte Verhandlungen haben zumeist einen hohen Sachanteil und verlocken weniger als manche gesellschaftliche Debatte der heutigen Zeit dazu, ins Weltanschauliche abzudriften oder sich auf Meinungen und „Wahrheiten" zu stützen: Sich Meinungen bilden und sie vertreten zu können, ist wohlgemerkt ein wichtiger Verfassungsgrundsatz; doch in wichtigen, betrieblichen oder unternehmerischen Angelegenheiten aufgrund von Meinungen zu entscheiden ist fahrlässig. Sach-, Rechts- und Menschenkenntnis sind erforderlich. Wahrheit hingegen wird im Alltag oft irrtümlich für etwas Feststehendes, Verlässliches gehalten; wie der Blick in gängige Nachschlagewerke offenbart, gilt Wahrheit immer nur in bestimmten Gruppen, bestimmten Zusammenhängen und bestimmten Zeiträumen. Sie eignet sich also, wie die Geschichte immer wieder zeigte, eher dazu, Menschen zu spalten als zusammenzubringen.

Eine Verhandlung zu „führen" ist gut und schön – doch nicht gleich voll einzusteigen, sondern zuzuhören und zu beobachten dient dem Zweck. Es wirkt auf die anderen Beteiligten wertschätzend und öffnend; wird man damit erkennbar nicht ernst genommen oder unterschätzt, ist dies nicht zwingend schlecht, da man die eigenen Möglichkeiten ja noch nicht ausgereizt hat. Es ist wichtig zu zeigen, dass man die Verhandlung ernst genug nimmt, um sachlich und rechtlich richtig zu handeln, die Anwesenden gleichsam ernst zu nehmen und den Dingen auf den Grund zu gehen.

Welcher Verfahrensansatz auch gewählt wird – gelangen die Beteiligten nicht zum Kern ihres Streitfalls, zum „Eigentlichen", gibt es keine tragfähige Lösung. Das muss nicht immer nach hoch wissenschaftlichen Maßstäben geschehen. Im Geschäftsleben geht es vorrangig um Bezifferbares: Geld gegen Lieferung oder Leistung, das lässt sich nachprüfen und verhandeln, gegebenenfalls nach fachlicher Begutachtung und rechtlicher Beratung. Das heißt nicht, dass Bedürfnisse und Befürchtungen, Verärgerungen und Enttäuschungen der Beteiligten übergangen werden; ganz im Gegenteil sind sie im Vermittlungsversuch wesentlich. Das ist kein Widerspruch zu Ergebnissen, die einmal gegenständlich und abrechenbar vorhanden sein soll. Dieser Leitfaden endet mit einem nicht ganz ernst gemeinten Problem-Modell (Kraus, 2005):

*Phase 1. Wir haben keine Lösung, aber erfreuen uns am Problem.*
*Phase 2. In jedem kleinen Problem steckt ein großes, das heraus möchte (oder umgekehrt).*
*Phase 3. Finden wir eine Lösung, oder gehören wir zum Problem? (Ein Problem anzugehen, heißt Teil des Problems zu werden.)*
*Phase 4. Das Problem besteht in der Lösung (Man soll kein Problem angehen, für das man keine Lösung hat.)*
*Phase 5. Die Lösung besteht darin, jemanden zu finden, der das Problem löst.*
*Phase 6. Ein gutes Problem passt auf alle Lösungen.*
*Phase 7. Die Ursache aller Probleme sind die Lösungen.*

*Phase 8. Jede Lösung jedes Problems offenbart neue Probleme (Die Lösung eines Problems verändert das Problem.)*
*Phase 9. Lösungen für selbstgeschaffene Probleme sind die anspruchsvollsten.*
*Phase 10. Ist das Problem bewältigt, bleiben immer noch die Leute, die an der Lösung arbeiten.*

**Sprachliche Mittel I: Frageformen**

Fragen gehören zu den wichtigsten Gestaltungsmitteln einer Verhandlung; fragend können beliebige Absichten und Zweifel, Bedürfnisse und Gefühle erfragt, hinterfragt und ausgedrückt werden – hier am Beispiel einer offenen Rechnung (Kraus, 2019):

- *„Haben Sie unsere Rechnung erhalten?"* (geschlossen)
- *„Gedenken Sie die Rechnung noch zu begleichen?"* (geschlossen)
- *„Wann und wie wollen Sie den Betrag begleichen?"* (offen)
- *„Wollen Sie den Betrag gleich zahlen oder lieber in drei Raten?"* (suggestiv)
- *„Kommt Ihnen diese Rechnung bekannt vor?"* (rhetorisch)
- *„Sie wollen doch die Rechnung bezahlen?"* (suggestiv)
- *„Wie würden Sie sich fühlen, wenn Sie ihr Geld nicht pünktlich bekämen?"* (hypothetisch)
- *„Was würden andere Leute von Ihnen denken, wenn sie wüssten, dass Sie mit Forderungen derart großzügig umgehen?"* (zirkulär)
- *„Glauben Sie eigentlich daran, dass Sie diese Rechnung irgendwann einmal bezahlen können?"* (provokativ)
- *„Behandeln Sie die Forderungen anderer Leute immer so?"* (provokativ)
- *„Wäre es nicht gut, die Sache zu bereinigen, damit wir an dieser Stelle weiterkommen?"* (motivierend)
- *„Meinen Sie nicht auch, dass wir uns mit dieser Sache schon viel zu lange aufgehalten haben?"* (motivierend)
- *„Was genau haben Sie an dieser Rechnung zu beanstanden?"* (konkretisierend)
- *„Wollen wir jetzt nicht einmal über den Zahlungsrahmen sprechen?"* (direktiv)
- *„Sie meinen also, wenn Sie die Zahlung weiter hinauszögern, ist das immer noch günstiger als ein Kredit von der Bank?"* (spekulativ)

© Der/die Autor(en), exklusiv lizenziert durch Springer Fachmedien
Wiesbaden GmbH, ein Teil von Springer Nature 2022
M. H. Kraus, *Verhandlungsführung*, essentials,
https://doi.org/10.1007/978-3-658-36887-6_7

- *„Welche Bedingungen müssen erfüllt sein, damit Sie die Forderung anerkennen?"* (sondierend)
- *„Warum haben Sie sich nicht früher an uns gewandt, wenn Sie die Rechnung zu beanstanden haben?"* (sondierend)
- *„Was halten Sie davon, dass wir die Mehrkosten anteilig tragen, Sie heute die Hälfte der Forderung begleichen, während wir Nachbesserungen bis Ende des Monats vornehmen, sodass Sie uns dann den Rest anweisen können?"* (kreativ/kooperativ)
- *„Erwarten Sie üblicherweise nicht, dass man Ihre Rechnungen pünktlich begleicht?"* (rekursiv)
- *„Ihnen ist klar, dass uns beiden auch Kosten entstehen, wenn wir das Geschäft rückabwickeln?"* (relativierend)

**Sprachliche Mittel II: Sleight of Mouth Patterns**
Das *Neurolinguistische Programmieren* (NLP) ist eine vorrangig in den USA entstandene Sammlung von Kommunikationstechniken; Argumentationsmuster ermöglichen es, gezielt Äußerungen zu hinterfragen oder zu blocken (amer. *sleight of hand*, Taschenspielertrick). So kann die Äußerung *„Ich merke, dass Sie sich gar nicht einigen wollen."* beantwortet werden:

- *„Würde ich mich dann mit Ihnen hinsetzen, um über die Sache zu reden?"* (Gegenbeispiel)
- *„Das klingt eher, als ob Sie etwas gegen eine Einigung haben."* (Spiegelung/Rückbezug)
- *„Woran glauben Sie das zu merken?"* (Rückfrage)
- *„Da merken Sie mehr als ich."* (Zweifel)
- *„Das merke ich allerdings nicht."* (Spiegelung)
- *„Das merke ich eher bei Ihnen."* (Spiegelung)
- *„Ich will mich einigen, wenn Sie sich einigen wollen."* (Spiegelung)
- *„Hätte ich denn einen Grund dafür?"* (Gegenfrage)
- *„Vielleicht erwarten Sie nur irgendein anderes Verhalten von mir – welches zum Beispiel?"* (Klärung)
- *„Meinen Sie, ich habe etwas gegen Sie?"* (Umdeutung)
- *„Befindlichkeiten bringen uns hier nicht weiter."* (Zweck)
- *„Das erscheint mir eher als Vorwand."* (Ebenenwechsel)
- *„Aufgrund der Vorgeschichte habe ich Zweifel, aber vielleicht könne Sie die ausräumen."* (Zusammenhang)
- *„Warum sagen Sie nicht klar, was Sie wollen und was nicht?"* (Ebenenwechsel)
- *„Was genau stört Sie denn?"* (Klärung)

- *„Ich habe Ihnen dazu kaum einen Anlass gegeben."* (Gegensatz)
- *„Mir ist die ganze Sache genauso lästig wie Ihnen."* (Gemeinsamkeit)
- *„Ihnen gefallen nur die Vorschläge nicht – machen Sie bessere!"* (Aufforderung)
- *„Ich will diese Sache nicht zerreden, sondern endlich lösen."* (Ebenenwechsel)
- *„Bis jetzt können Sie nicht viel davon gemerkt haben."* (Gegensatz)

**Sprachliche Mittel III: Entkräften/Umdeuten von Vorbehalten/Widerständen**
In Verhandlungen erklingen immer wieder Einwände:

- *„Es wurde schon genug darüber geredet."*
- *„Das bringt doch nichts."*
- *„Darauf können wir uns nicht verlassen."*
- *„Wir würden uns schon einig werden, wenn nur ..."*
- *„Wir müssen schon sehen, worauf wir uns einlassen."*
- *„Wir wollen schon eine Lösung, aber ..."*
- *„Wir müssten ja zuerst einmal ..."*
- *„Das liegt doch nicht an uns, sondern ..."*
- *„Wir können uns das nicht vorstellen."*
- *„Das geht doch nicht lange gut."*

Diese gilt es zu entkräften, um keine Fronten oder Verweigerungshaltungen entstehen zu lassen:

- *„Was genau stört Sie noch, was erwarten Sie?"*
- *„Mit welchen Punkten wollen wir beginnen, was können wir zuerst schaffen?"*
- *„Was genau fehlt Ihnen denn?"*
- *„Woher wollen Sie wissen, dass es nicht geht, wenn Sie es noch nicht versucht haben?"*
- *„Worauf wollen Sie sich denn verlassen können?"*
- *„Jetzt sind wir so weit gekommen, da geht der Rest auch noch."*
- *„Wie viel Zeit benötigen Sie für eine Entscheidung?"*
- *„Beginnen wir mit dem einfachsten Teil und arbeiten uns langsam vorwärts."*
- *„Meinen Sie nicht, dass es den Versuch wert ist?"*
- *„Was haben wir denn zu verlieren?"*
- *„Was würde Sie sonst vorschlagen, und was haben Sie schon versucht?"*
- *„Haben Sie sich noch nie auf etwas Neues eingelassen?"*
- *„Solange uns nichts Besseres einfällt, können wir es doch versuchen."*
- *„Wenn wir nichts überstürzen, kann es klappen. Wunder erwartet niemand."*
- *„Nicht alles löst sich von selbst, die Dinge brauchen ihre Zeit und etwas Mühe."*

**Sprachliche Mittel IV: Rhetorische Figuren**
Die klassischen *Rhetorischen Figuren* verschaffen nach wie vor Sprachgefühl und
erleichtern die Gesprächsführung; hier folgen die 60 wichtigsten (Kraus, 2019). Sie
sollen nicht auswendig gelernt werden, sondern die Vielfalt der Sprache zeigen –
wichtige Voraussetzung für Schlagfertigkeit:

- Accumulatio (Sammlung zusammenhängender Begriffe) oder Asyndeton (Rei-
  hung von Begriffen): *„Das brachte nur Stress, Hektik und Chaos in die
  Firma."*
- Adynaton (Bezug auf wenig Wahrscheinliches): *„Eher fällt der Montag auf einen
  Dienstag, als dass wir hier zustimmen."*
- Allegorie (Gleichnis): *„Wenn diese Geschichte ein Stück wäre, würden Sie den
  Narren spielen."*
- Alliteration (Stabreim): *„Das ist null und nichtig, auch wenn Sie sich noch so
  sehr aufregen."*
- Allusion (Anspielung): *„Sie wissen doch genau, wovon ich rede …"*
- Alogismus (Verstoß gegen Logik): *„Gelten montags andere Gesetze als frei-
  tags?"*
- Anakoluth (Satzstörung): *„Denken Sie mal nicht, wen Sie vor sich haben."*
- Analogie (Gleichsetzung): *„Die ganze Runde war plötzlich still wie ein Grab."*
- Anapher (Wiederholung am Anfang): *„Ich will Ruhe, ich will Ordnung, ich will
  Planungssicherheit."*
- Anastrophe oder Inversion (Vertauschung): *„Ihr Chef ist von den Schnellen
  einer."*
- Annominatio oder Paronomasie (Wortspiel): *„Die Sache ist vergeben und
  vergessen."*
- Antiphrase (Gegensätzlichkeit in Gestalt von Ironie): *„Er hatte an diesem Tag
  seine übliche gute Laune."*
- Antitheton (Gegenüberstellung): *„Sein Verhalten wird ihm keinen Nutzen, nur
  Schaden bringen."*
- Aposiopese (Satzabbruch): *„Nun hören Sie doch mal, was er da wieder …"*
- Apostrophe oder Invokation (Hinwendung an Abwesende oder höhere Mächte):
  *„Himmel, schmeiß Hirn runter!"*
- Archaismus (Verwendung eines veralteten Ausdrucks): *„Da kippte er fast aus
  den Pantinen."*
- Concessio (Eingeständnis unter Bedingungen): *„Er hat gewiss Fehler gemacht,
  aber nie etwas Strafbares, und er ist immer damit durchgekommen."*
- Correctio (Nachbesserung): *„Es war eine Belastung, was sage ich, eine ständige
  Bedrohung!"*

- Diminutiv (Verniedlichung): *„Warum sollen wir uns mit seinen Spielereien beschäftigen?"*
- Dysphemismus oder Pejoration (Abwertung): *„Diese Firma ist ein Saftladen."*
- Emphase (Hervorhebung): *„Streit? Ich will Streit? Ich will doch keinen Streit!"*
- Epanodos (Wiederholung über Kreuz): *„Wenn Ihnen nicht passt, worüber wir sprechen, dann sprechen Sie darüber, was Ihnen passt."*
- Epipher (Wiederholung am Ende): *„Nachlässigkeit schadet uns, Faulheit schadet uns, Trägheit schadet uns."*
- Euphemismus (Beschönigung): *„Sein Verhalten in der Sache hatte einen gewissen Unterhaltungswert."*
- Exclamatio (Ausruf als Wort): *„Niemals!"*
- Exemplum (Beispiel): *„Und beklage ich mich, wenn Sie immer zuerst nach Skonto fragen?"*
- Floskel oder Phrase: *„Wenn es nicht geht, dann geht es halt nicht."*
- Hyperbel (Übertreibung): *„Seit der Typ Chef wurde, ist hier die Hölle los."*
- Imperativ (Aufforderung): *„Dann gehen Sie doch!"*
- Interjektion (Ausruf als Lautmalerei): *„Pfui!"*
- Ironie (Überspitzung): *„Bleiben Sie ruhig bei ihrer Meinung, die passt sehr gut zu Ihnen."*
- Katachrese (Entstellung bekannter Redensarten): *„Was er gemacht hat, schlägt dem Fass die Krone ins Gesicht."*
- Klimax (Steigerung): *„Und wenn ich mir das täglich sechs, acht, gar zehn Stunden anhören muss, gehe ich kaputt."*
- Kyklos (Wiederholung eines Satzanfangs am Satzende): *„Verflucht soll er sein, er soll verflucht sein."*
- Litotes (Doppelte Verneinung): *„Sein Verhalten in der Sache war nicht unbedenklich."*
- Malapropismus (Wortentstellung in spaßiger Form): *„Wir könnten uns das mal näher ansehen, zum Bleistift."*
- Metapher (Sinnbild): *„Er hat sich in dem Vorhaben verhalten wie ein Fähnchen im Wind."*
- Metonymie (Begriffsersetzung): *„Berlin hat sich bei der Gesetzgebung zur Photovoltaik zurückgehalten."* (statt *„die Regierung ..."*)
- Neologismus (Neuschöpfung): *„Diese Planung ist unüberschätzbar."*
- Onomatopoesie (Lautmalerei): *„Und als ich unterschreibe, macht er 'puhhh'!"*
- Oxymoron (Widerspruch): *„Da war nur beredtes Schweigen."*
- Paradoxon (Widersprüchlichkeit einer Idee): *„Wenn Sie das nicht hinkriegen, sollten Sie ein Jahr lang nur Sandburgen bauen."*

- Parallelismus (Übereinstimmung von Teilsätzen): *„Bagger baggert, Nachbar brüllt, Polizei kommt ..."*
- Paraphrase (Umschreibung als Zusatz): *„Der Kunde, das unbekannte Wesen ..."*
- Paraprosdokian (Redewendung mit überraschendem Schluss): *„Ich glaubte zu wissen, was beruflicher Erfolg ist – bis ich in dieser Firma gekündigt hatte."*
- Parenthese (Einschub): *„Das war – wie schon erwähnt – wirklich beängstigend."*
- Paronomasie (Verbindung ähnlicher Begriffe): *„Und jetzt geht er in Sack und Asche."*
- Periphrase (Umschreibung): *„Wenn er täte, was er mich mal kann, käme ich gar nicht mehr zum Sitzen."*
- Personifizierung (Vermenschlichung): *„Meldet sich bei Ihnen die Stimme des schlechten Gewissens?"*
- Pleonasmus (Überbestimmung eines Begriffs): *„Da kommt dieser alte Greis und will mir erklären ..."*
- Polysyndeton (Reihung mit Bindewörtern): *„Und es klappert und poltert und rattert den ganzen Tag ..."*
- Prokatalepsis (Vorwegnahme): *„Sicher werden Sie gleich sagen, dass ..."*
- Reifizierung (Verdinglichung von Menschen): *„Er verbiegt sich immer unter Druck."*
- Syllepse (Verbindung mehrerer Satzteile durch einen Begriff): *„Was ist, wodurch entstand und wem dient dieser Streit?"*
- Synekdoche (Ersetzung durch Sinnbild): *„In meinen kleinen Reich muss ich mir das nicht bieten lassen."*
- Tautologie (Bestärkung durch Wiederholung): *„Dem kann ich voll und ganz zustimmen."*
- Trikolon (Dreigliedrigkeit): *„Man kann hier nicht gerade sagen, dass er kam, sah und siegte."*
- Vulgarismus (Grobheit): *„Und da dachten Sie, Sie könnten mir vor die Hütte kacken?"*
- Zeugma (Verbindung nicht zusammengehörender Satzteile): *„Er ergriff eine Tasse Kaffee und das Wort."*
- Zitat: *„Man soll bei der Auslegung einer Willenserklärung nicht am Wortsinn haften – so steht es im Gesetz."* (§ 133 BGB)

**Umgang mit Schwierigkeiten I: Erschwernisse für eine Verhandlung**
Unter den nachfolgend benannten Umständen wird insbesondere vom Verhandlungsgeschick und den tatsächlichen Absichten der Beteiligten bestimmt, welche Richtung die Gespräche nehmen:

- Es bestehen zwischen einzelnen Beteiligten länger andauernde, streitbelastete Geschäftsbeziehungen oder arbeitsrechtliche Über- und Unterstellungsverhältnisse.
- Zum Verhandlungsgegenstand wurde bereits ein gerichtliches Verfahren eröffnet, das lediglich zum Zweck der Verhandlungslösung ruht.
- Einer der Beteiligten hat Insolvenz angemeldet oder lässt erkennen, dass er dies erwäge, um über Forderungen nicht verhandeln zu müssen.
- Dritte im Hintergrund (Vorgesetzte, Auftraggeber) versuchen mit Lösungsvorschlägen oder Gegenleistungen die Verhandlungen zu beeinflussen.
- Der Verhandlungsgegenstand hat bereits öffentliche Aufmerksamkeit erregt (Bauvorhaben, Gewerbeansiedlung, …), die Presse hat berichtet.
- Der Erfolg der Verhandlung wird stark von äußeren Bedingungen beeinflusst (Rechtsentwicklung, Wirtschaftslage, …), auf die Beteiligte nur begrenzt einwirken können.
- Es geht einzelnen Beteiligten weniger um sachliche, wirtschaftliche oder rechtliche Lösungen, sondern um grundsätzliche und menschliche Befindlichkeiten (Verärgerung, Enttäuschung, …).
- Die Beteiligten sind Gruppen, die in sich schon in sich nicht einig sind oder deren Zusammensetzung sich während der Verhandlung ändert.
- Es muss unter erheblichem Zeit- und Kostendruck verhandelt werden und/oder die Verhandlungsgegenstände mehren sich während der Verhandlung erheblich.
- Einzelne Beteiligte haben weniger Leidens- und Erfolgsdruck als die anderen und könnten grundsätzlich die Angelegenheit aussitzen, oder sie betrachten die Verhandlung als Pflichtübung.

**Umgang mit Schwierigkeiten II: Hinderliche Glaubenssätze**
Glaubenssätze entstehen aus Lebenserfahrung und befähigen nicht immer dazu, sich mit anderen Menschen auf etwas zu einigen; sie erscheinen in der Sprache als Vorannahmen, Vermutungen, Behauptungen, Unterstellungen, Forderungen, die hinterfragt werden müssen (Kraus, 2019):

*„Ich habe es nicht nötig, um mein Recht zu verhandeln."*
*„Ich muss auf meinem Standpunkt beharren, sonst gebe ich mir eine Blöße."*
*„Meine Lage ist mit der dieser Leute gar nicht zu vergleichen."*
*„Die Zeiten sind schlecht, deshalb muss ich so handeln."*
*„Da ich mich nur verteidige, habe ich freie Wahl der Mittel."*
*„Sinnvoll ist nur eine endgültige Lösung, die mir nutzt."*
*„Ich muss diesen Leuten erst einmal beibringen, wie man verhandelt."*
*„Wenn ich zeige, dass ich Hilfe benötige, bin ich schwach."*

*„Erfolgreich bin ich, wenn ich die anderen dazu zwingen kann nachzugeben."*
*„Ich bin schon viel länger im Geschäft, deshalb habe ich Ansprüche."*
*„Die wollen mich doch nur aus dem Geschäft drängen."*
*„Heutzutage kann man sich auf nichts mehr verlassen, auf Absprachen sowieso nicht."*
*„Dafür sind der Staat und die Gerichte zuständig."*
*„Wenn ich nicht kriege, was ich will, muss ich mit wirksameren Mitteln drohen."*
*„Heutzutage muss man die Leute vor vollendete Tatsachen stellen."*
*„Ohne Zwang und Druck wird nichts besser."*
*„Meine Absichten offenzulegen, wäre ein Fehler."*
*„Es ist sicherer, sich auf alles einzustellen."*
*„Diese Leute können doch gar nicht nachvollziehen, wie es uns geht."*
*„Wenn man zu freundlich ist, wird man für dumm verkauft."*

**Umgang mit Schwierigkeiten III: Destruktive Kommunikationsmuster**
Stocken Verhandlungen oder drohen sie zu scheitern, sind oft einige der folgenden
Verhaltensweisen zu beobachten. Die Beteiligten müssen miteinander klären, ob sie
überhaupt eine Einigung wünschen, ob versteckte Absichten wirken oder sonstige
grundsätzliche Hindernisse bestehen:

- Überfluten mit Einzelheiten und inhaltsarmes Sprechen. Es kann darum gehen,
  von wirklich wichtigen Sachverhalten abzulenken oder die Verhandlungen in die
  Länge zu ziehen (um Druck aufzubauen oder die Rechts- und Marktentwicklun-
  gen für sich arbeiten zu lassen).
- Drohen. Dies wurde bereits oben beschrieben.
- Stellen von Fallen und Fangfragen. Sachfragen oder Missverständnisse als
  Anlass zu nehmen, um vermeintliche Beleidigungen und Unterstellungen zu
  beklagen, kann ein Weg sein, Verhandlungen scheitern zu lassen, die Schuld
  dafür der Gegenseite zuzuweisen, um sich für ein erwartetes Gerichtsverfahren
  zu rüsten; auch Minderwertigkeitsgefühle und eingeübte Opferrollen können
  wirken.
- Abnötigen von Gegenleistungen. Dies ist eine Form von Druck, um mit
  (auch nicht erbetenen und abgestimmten) Handlungen den anderen Beteiligten
  Zugeständnisse abzunötigen – auch zwecks Selbstdarstellung.
- Aufzwingen eines Wir-Gefühls. Mit Versuchen, an sich schwache Gemeinsamkeiten überzubetonen, soll ebenfalls ein Druck zur Einigung aufgebaut werden,
  wobei Fronten verschwimmen, aber nicht verschwinden.

- Abnötigen von Stellungnahmen und Meinungen. Damit sollen andere Beteiligte geschwächt werden, indem Meinungsäußerungen zur Ablenkung ausgiebig hinterfragt und in Grundsatzdebatten gelenkt werden (Umweltschutz, Grundrechte, …).
- Ausforschen. Schwächen anderer Beteiligter zu finden, kann dabei helfen, Druck aufzubauen oder sich gleichfalls für ein Gerichtsverfahren zu rüsten.
- Wechselhaftes Verhalten. Wer immer neue – auch widersprüchliche – Forderungen, Beschwerden oder Vorwände äußert, sonstige Mittel nach einem nicht klar erkennbaren Plan nutzt, will eventuell verwirren und zermürben.
- Überzeugen/Missionieren. Auf dem Umweg über Moral, höhere Werte oder wichtigere Fragen kann die Notwendigkeit schwinden, bestimmte Dinge zu verhandeln: Was sich „von selbst" versteht oder einfach „so ist", muss nicht besprochen werden.
- Missachten von Grenzen. Werden ein klares Nein, nicht genehme Gesprächswendungen oder dringende Nachfragen überhört, wirken versteckte Absichten, oder es soll eine Drohkulisse aufgebaut werden; gegebenenfalls ist es eher schlichte Verzweiflung als die Absicht, andere zu ängstigen.

**Umgang mit Schwierigkeiten IV: Anzeichen für das Scheitern von Verhandlungen**
Hier sind die Beteiligten dafür verantwortlich, Fehlentwicklungen und Störungen frühzeitig anzusprechen und zu hinterfragen: Überwiegt der gute Wille, oder wird taktiert und gespielt?

- Beteiligte können oder wollen – etwa wegen gesundheitlicher Einschränkungen oder beruflicher Reisetätigkeit – nur eingeschränkt an der Verhandlung teilnehmen; Vertretungsberechtigte werden nicht benannt.
- Bereits vereinbarte (Teil-)Lösungen werden nicht oder mangelhaft umgesetzt, ohne dass triftige Gründe benannt werden.
- Beteiligte lassen erkennen, dass sie an der Verhandlung nur teilnehmen, um sich Vorteile für ein späteres rechtliches Verfahren zu verschaffen.
- Beteiligte versuchen mit immer neuen Vorbehalten, Einwänden und Ablenkungen die Verhandlung zu überdehnen oder zu zerreden.
- Beteiligte versuchen Druck zu erzeugen, indem sie mit dem Verlust von Arbeitsplätzen, dem Entzug angekündigter Leistungen oder Erklärungen an die Presse drohen.
- Im Umfeld der Verhandlung werden Gerüchte gestreut, oder als vertraulich zu behandelnde Einzelheiten werden öffentlich bekannt.

- Beteiligte betrachten vermehrt Äußerungen als Angriffe (Unterstellungen, Beleidigungen, Vorannahmen, …), sodass bei den anderen der Eindruck entsteht, sie wollten sich entweder nur selbst darstellen oder den Ablauf stören.
- Beteiligte vertiefen sich in grundsätzliche, moralisch-weltanschauliche Erörterungen und vermeiden damit, sich mit den eigentlichen Verhandlungsgegenständen zu befassen.
- Neuere Markt- und Rechtsentwicklungen lassen die Verhandlung überflüssig erscheinen, oder einzelne Beteiligte ziehen sich zurück.
- Menschliche Befindlichkeiten machen es Beteiligten trotz wiederholter Versuche oder Vermittlung Dritter unmöglich, eine Sachebene zu finden.

**Abschluss: Selbstbefragung für Verhandelnde**

- Wovon lasse ich mich bei der Vorbereitung einer Verhandlung leiten?
- Kann ich in der Nacht vor einer Verhandlung gut schlafen, habe ich vorher Lampenfieber?
- Kann ich mit Streit um Gegensätze umgehen, oder fürchte ich mich eher davor?
- Habe ich wunde Punkte, wenn es um die Verständigung mit Menschen geht?
- Kann ich im Gespräch Gedanken und Ansätze entwickeln, ohne den Faden zu verlieren?
- Bin ich im Gespräch eher entspannt, sodass ich anstrengungsarm zuhören kann, oder verkrampfe ich und lasse mich ablenken?
- Kann ich Äußerungen knapp, aber treffend zusammenfassen, um zu zeigen, dass ich verstanden habe?
- Kann ich gezielt Sprache und Körpersprache einsetzen, um Gesprächen eine gewünschte Wendung zu geben?
- Kann ich mich zur richtigen Zeit auf Fragen besinnen, oder vergesse ich oft, auf was ich „eigentlich" hinauswollte?
- Kann ich in einer Gruppe Gemeinsamkeiten betonen und Zusammenhänge vermitteln?
- Kann ich die Gefühlsäußerungen anderer aushalten?
- Sorge ich mich darum, ob ich ernst genommen werde, werde ich oft unterbrochen?
- Kann ich mit überraschenden Wendungen im Gespräch umgehen?
- Was habe ich zu verlieren oder zu gewinnen?
- Was habe ich bisher aus Verhandlungen gelernt?

# Was Sie aus diesem *essential* mitnehmen können

- Einblicke in die Voraussetzungen und Hintergründe von Verhandlungen,
- Ansätze für eigene Verhandlungen,
- ein Gefühl für Chancen und Risiken im zwischenmenschlichen Austausch.

© Der/die Herausgeber bzw. der/die Autor(en), exklusiv lizenziert durch
Springer Fachmedien Wiesbaden GmbH, ein Teil von Springer Nature 2022
M. H. Kraus, *Verhandlungsführung,* essentials,
https://doi.org/10.1007/978-3-658-36887-6

# Literatur

Erbacher, C. E. (2010). *Grundzüge der Verhandlungsführung.* vdf Hochschulverlag.

Fisher, R., et al. (Hrsg.). (2011). *Getting to yes.* Penguin (deutsch (1984). *Das Harvard-Konzept. Der Klassiker der Verhandlungstechnik.* Campus) (Erstveröffentlichung 1981).

Knapp, P., & Novak, A. (2010). *Effizientes Verhandeln. Konstruktive Verhandlungstechniken in der täglichen Praxis.* Windmühle.

Kraus, M. H. (2005). *Mediation – wie geht denn das?* Junfermann.

Kraus, M. H. (2019). *Streitbeilegung in der Wohnungswirtschaft.* Haufe.

Kraus, M. H. (2021). *Streitbeilegung in Bauvorhaben (Essential).* Springer Vieweg.

Kreggenfeld, U. (2010). *Verhandeln². Systemische Verhandlungskompetenz für eine komplexe Welt.* Cornelsen Scriptor.

Krick, E. (2013). *Verhandlungen im Konsensverfahren.* Springer VS.

Medvec, V. (2021). *Negotiate without fear.* Wiley.

Rosner, S., & Winheller, A. (2021). *Mediation und Verhandlungsführung.* Nomos.

Schulz von Thun, F. (2014). *Miteinander reden 1–4.* Rowohlt.

Schumann, R., et al. (2021). *Verhandeln mit System.* Springer Gabler.

Stengel, H. (1980). *Epigramme und Gedichte.* Eulenspiegel.

von Senger, H. (2011). *36 Stratageme.* S. Fischer (Erstveröffentlichung 1998).

Watzlawick, P., et al. (2011). *Pragmatics of human communication.* W. W. Norton & Co (Erstveröffentlichung 1967).

Printed in the United States
by Baker & Taylor Publisher Services